十二五高等院校应用型特色规划教材

U0320969

Rhino产品造型设计表现

王远　李海　主　编

魏庆彬　副主编

清华大学出版社

北　京

内 容 简 介

本书是笔者与广州大业工业设计有限公司协作,契合产品设计的实际设计流程写作而成。本书前半部分详细介绍了 Rhino 软件的重要知识点。在此基础上,以广州大业工业设计有限公司的几个真实设计案例为主线,介绍了具体设计流程及建模操作。最后,对产品设计过程中可能遇到的特殊结构做了专题讲解。

本书可作为高等院校工业设计类专业的学习用书,也可供相关社会人士自学之用。

图书在版编目(CIP)数据

Rhino 产品造型设计表现/王远,李海主编 . -- 北京:清华大学出版社,2015 (2019.1重印)

(十二五高等院校应用型特色规划教材)

ISBN 978-7-302-39374-0

Ⅰ. ①R… Ⅱ. ①王… ②李… Ⅲ. ①产品设计-计算机辅助设计-应用软件-教材 Ⅳ. ①TB472-39

中国版本图书馆 CIP 数据核字(2015)第 050053 号

责任编辑:彭　欣
封面设计:汉风唐韵
责任校对:王凤芝
责任印制:沈　露

出版发行:清华大学出版社
　　　　　网　　　址:http：//www. tup. com. cn,http：//www. qbook. com
　　　　　地　　　址:北京清华大学学研大厦 A 座　邮　　编:100084
　　　　　社 总 机:010-62770175　　　　邮　　购:010-62786544
　　　　　投稿与读者服务:010－62776969,c-service@tup. tsinghua. edu. cn
　　　　　质量反馈:010-62772015,zhiliang@tup. tsinghua. edu. cn
印 装 者:涿州市京南印刷厂
经　 销:全国新华书店
开　 本:185mm×260mm　　　印　张:9.75　字　数:182 千字
版　 次:2015 年 4 月第 1 版　　　印　次:2019 年 1 月第 2 次印刷
定　 价:29.00 元

产品编号:055826-01

前言

　　本书是一本专门讲解 Rhino 建模技术的专业书籍,从技术的角度讲解了如何使用此软件进行产品造型设计。本书共 9 章,第 1 章、第 2 章介绍了 Rhino 建模基础和基本概念、软件界面。第 3 章对 Rhino 特有的建模方法、相关概念进行了深入细致的讲解,是前两章基础内容的进阶,可理解成"高级基础"。第 4 章到第 8 章为案例章节,通过若干具体的设计案例,展示了丰富的模型创建技术,使读者通过学习能够熟练使用 Rhino 软件进行产品造型设计。第 9 章是本书的特色章节,讲解了在产品设计过程中常常碰到的一些"特殊结构"的建模方法。

　　本书所使用软件是 Rhino 4.0,操作系统是 Windows 7,硬件环境是 Intel Core(TM)2 Duo＋2G 内存。

　　在开始学习之前,读者需要注意一点:本书没有对 Rhino 软件所有的命令、按钮、工具逐个讲解。一是 Rhino 的命令、按钮、工具较多,全面讲解所有的内容需要耗费很多的章节,也不是本书的目的。二是这方面的参考书籍很多,另外 Rhino 软件官方网站也可以下载到权威的"操作说明书"。大家在开始学习之前,可以根据自己的具体情况,查阅相关书籍。不过,本书对案例涉及的命令、按钮或工具,都做了讲解。

　　本书的特点是将 Rhino 软件的基础理论、案例、设计思路紧密结合。就以往的教学和软件使用经验看,市面上大部分 Rhino 教程只讲解案例操作,不介绍建模的思路和方法,导致学习者只会照搬教程操作,一旦脱离教程就问题不断,不能灵活使用 Rhino 软件进行产品建模。而本书在讲解过程中增加了对建模思路和方法的分析,力求使读者能够掌握 Rhino 软件的建模精髓,在实际使用的时候能"举一反三",轻松面对各种建模。

根据作者的经验,给大家提出以下几点建议供参考:

1. 大部分三维软件的建模技术与原理是相同的。因此学会 Rhino 建模技术后,可以轻松掌握其他软件的建模技术。

2. Rhino 一开始的学习不必追求过高的难度,很多思路和方法是通过不断的案例学习积累在脑海中的,不要忽视了简单案例的学习。

3. 不要满足于一种建模方法,对同一问题,可以尝试多种思路和方法。只做案例不去思考,提高的速度就比较慢。

4. 在 Rhino 学习过程中如果遇到困难,要在思考的基础上多和他人交流。很多问题,没有必要自己一个人琢磨,影响学习的效率。

5. 不论是 Rhino 还是其他设计类软件,都只是产品设计的工具。作为一个产品设计师,要切实提高自己的综合设计能力,不能本末倒置。

明白以上几点,就可以开始学习了。

由于编者水平有限,书中难免出现不妥和疏漏之处,对于专业术语的翻译也有待商榷,还请广大读者批评指正。

本书所有作品、素材仅供本书购买者学习使用,不得用作其他商业用途。

编者

目录

第 **1** 章

Rhino 软件与计算机辅助工业设计

本章要求读者掌握如下知识点：

1. 了解当今工业设计的发展动态；

2. 学习并掌握Rhino软件所涉及的相关概念；

3. 简单了解快速成型技术。

本章将简单介绍计算机辅助工业设计的发展状况。

同时，还将介绍Rhino软件的发展、特点及相关概念。

1.1 计算机辅助工业设计的发展状况

21 世纪以来,随着国民经济水平的迅速提升和国内高校设计专业欣欣向荣的发展,工业设计领域的研究逐步受到了国内学者的关注。随着信息技术的发展,计算机辅助工业设计已成为 CAD/CAM、先进制造与自动化技术领域研究的热点。它降低了产品开发的成本,缩短了产品开发的时间,提升了产品开发的效率。

1.1.1 计算机辅助工业设计的内涵

计算机辅助工业设计简称 CAID,即在计算机技术和工业设计相结合形成的系统支持下,进行工业设计领域内的各种创造性活动。与传统的工业设计相比,CAID 在设计方法、设计过程、设计质量和设计效率等各方面都发生了质的变化。

CAID 以工业设计知识为主体,以计算机和网络等信息技术为辅助工具,实现产品形态、色彩、宜人性设计和美学原则的量化描述,从而设计出更加实用、经济、美观、宜人和创新的新产品,满足不同层次人们的需求。

1.1.2 计算机辅助工业设计技术的发展状况

在产品开发的不同阶段,往往采用不同的设计软件来进行辅助设计。

1. 创意草图阶段

草图是设计师表达设计创意最快捷的方式,传统的设计草图利用铅笔和纸张直接徒手表达。当前,越来越多的年轻设计师配合手绘板、扫描仪、相机等设备来进行创意草图。草图具有更改方便、容易出效果、美观等优势。

在这个阶段,主要使用 Photoshop 和 Coredraw 软件,现在越来越多的产品设计公司用 Illustrator 来替代 Coredraw 软件。

Photoshop 是位图软件,设计过程中主要用来对图片进行处理,Coredraw 和 Illustrator 是矢量绘图软件,可用来进行图形设计、文字编辑等。由于 Illustrator 和 Photoshop 都是 Adobe 公司的软件,具有图形界面相似、兼容性更好的优点,同时 Illustrator 在色彩表现等方面更好,正在逐渐替代 Coredraw。

2. 自由曲面设计

产品造型自由曲面设计是 CAID 的一个重要内容。Rhino 软件就是这个设计阶段的佼佼者,能够方便、快捷、准确地表达产品造型。在我国工业设计比较发达的长三角、珠三角地区,有非常多的工业设计公司采用这款软件。有些对曲面质量要求更好的公司,使用了 Allias Studio tools 软件。这款软件相对于 Rhino 软件来说,更专业,但是成本更高,也不容易上手。

3. 结构设计

工业设计的结构设计阶段主要用 PRO/E、UG 等相关工程类软件来进行计算机辅助设计,这些软件具有参数化设计的特点,其数据能够更好地被数控机床等生产设备使用。

4. 快速成型

快速成型技术是当前最火热、最前沿的技术,英文全称为 Rapid Prototyping,简称 RP 技术。RP 技术是在现代 CAD/CAM 技术、激光技术、计算机数控技术、精密伺服驱动技术以及新材料技术的基础上集成发展起来的。

它可以在无须准备任何模具、刀具和工装卡具的情况下,直接接受产品设计(CAD)数据,快速制造出新产品的样件、模具或模型。因此,RP 技术的推广应用可以大大缩短新产品开发周期、降低开发成本、提高开发质量。

1.2 Rhino 软件及应用

1.2.1 Rhino 软件概述

Rhino 是由美国 RobertMcNeel & Assoc 开发的专业 3D 建模软件,它广泛应用于三维动画制作、工业制造、科学研究以及机械设计等领域,使用 Rhino 软件可以制作出精细复杂的 3D 模型。自推出以来,Rhino 软件经过严谨的测试和数次改版,现已发展到 5.0 的版本。它能够轻易整合 3ds Max 与 Softimage 的模型功能部分,对要求精细、弹性与复杂的 3D NURBS 模型,有点石成金的效能。Rhino 软件能输出 OBJ、DXF、IGES、STL、3DM 等几乎所有的常见软件格式,具备良好的兼容性,对提高整个 3D 工作团队的模型生产力效果明显。Rhino 使用现在流行的 NURBS 建模方式,主要侧重于 3D 物体的建模。Rhino 对电脑硬件要求很低,能够降低公司的硬件成本。即使 P133、32MB 内存再加 Windows 95 且没有图形加速卡,Rhino 软件都可以流畅运行。

最新的版本 Rhino 5.0,添加了 ArrayCrvOnSrf、AssignBlankTexture 等命令,对一些命令进行了更改,支持的文件格式更多。

1.2.2　Rhino 的特点

(1)NURB 建模,建模功能强大。

(2)兼容性良好。能够输入、输出大多数主流三维软件格式。

(3)对硬件要求较低,降低了使用成本。

(4)Windows 风格界面,学习容易上手。

(5)经济实惠,软件购买成本低。

Rhino 软件是为设计和创建三维模型而开发的,虽然它带有一些渲染功能,但是这些不是 Rhino 的主要功能。相对于 V-RAY、keyshot 等外挂渲染器来说,Rhino 的渲染功能相当孱弱。

1.2.3　Rhino 的行业应用

Rhino 早些年一直应用在工业设计专业,擅长产品外观造型建模,但随着程序相关插件的开发,其应用范围越来越广。近些年在建筑设计领域的应用越来越广,Rhino 配合 grasshopper 参数化建模插件,可以快速做出各种优美曲面的建筑造型。其简单的操作方法、可视化的操作界面深受广大设计师的欢迎。另外 Rhino 在珠宝、家具、鞋模设计等行业也有广泛应用。

1.3　Rhino 的相关概念——学习前的准备

要迅速并熟练掌握 Rhino 的三维造型原理,必须了解这个软件所涉及的基本概念和相关知识。在笔者学习、使用和教学的过程中,发现很多人比较注重学习软件的命令,乐于通过"案例模仿"的方法来学习软件。

当然,模仿是任何技能学习不可或缺的阶段,但是,这种方法存在如下缺点。

(1)学习效率较低。当今社会是知识爆炸型的信息社会,要想快速掌握一门技能,学习效率相当重要。何况,在产品造型设计领域,各种新型软件层出不穷,Rhino 软件本身的版本也在不断更新。这就要求我们要有效率地学习。

笔者本身也是从"案例模仿"阶段走过来的,基本采用一边做"实例"一边总结的学习方法。回首自己走过的路,才发现可以用更少的时间来掌握这门软件。

(2)案例模仿式的学习往往导致"知其然,不知其所以然",学习者的熟练程度很难达到"举一反三"。因为其背后的原理没有搞懂,仅仅掌握了皮毛。

因此,在开始学习 Rhino 软件的操作之前,有必要先学习一下这个软件涉及的相关基本概念。

1.3.1 点与线的相关概念

1. 点

在 Rhino 中,点分为两种:独立存在的点和曲线、曲面的控制点。

利用工具箱中的工具可以创建点对象,一般利用点对象作为参考点或锁点;而控制点则隶属于曲线和曲面,并不独立存在。通过调整控制点的位置可调整曲线和曲面的形态。

2. 线

在 Rhino 中,控制点是曲线编辑经常使用的对象。在 Rhino 工具栏中,有两种创建曲面的工具,可以创建两种类型的曲线,分别是 control vertex 曲线 和 edit point 曲线 ,中文叫作"控制点曲线"和"编辑点曲线"。在曲线完成后,按快捷键 F10,可以显示曲线的控制点,通过调整控制点可以改变曲线的形态。

构成曲线的各要素的作用如下。

(1)控制点(Control points):简称 CV 点,位于曲线的外面,用来控制曲线的形态。

(2)编辑点(Edit point):简称 EP 点。单击【开启编辑点】按钮 ,可显示曲线的 EP 点。EP 点位于曲线上,用户也可以通过调整 EP 点来改变曲线的形态。但是,通常使用 CV 点来调整曲线,因为 CV 点影响曲线形态的范围较小,而 EP 点影响曲线形态的范围较大。在实际操作过程中,会发现利用 CV 点调整曲线的形态,会比利用 EP 点来调整方便得多。

所有的控制点都具有权重(weight,一般为 1)。如果一条曲线的所有控制点权重相同,则称此曲线为非有理样条曲线,反之,则称为有理样条曲线。

(3)外壳(Hull):通常叫作壳线,是连接 CV 点之间的虚线。对于曲线的形态与质量没有影响，可帮助观察 CV 点。

1.3.2　NURBS 概念

NURBS 是 Non-Uniform Rational β-Splines 的缩写，翻译成中文是"非统一有理 β 样条曲线"。它是 Rhino 三维建模的数学理论基础，Rhino 中创建的一切对象都是由 NURBS 定义的。

"非统一有理 β 样条曲线"这个名称涉及一些数学知识，数字建模归根到底是一个数学问题。它要求软件编程人员引用一定的函数来定义空间中的一条"线"。这样，空间的线才具有"唯一性"。

那什么是样条曲线呢？样条曲线是经过一系列给定点的光滑曲线。最初，样条曲线都是借助于物理样条得到的，放样员把富有弹性的细木条（或有机玻璃条），用压铁固定在曲线应该通过的给定型值点处，样条做自然弯曲所绘制出来的曲线就是样条曲线。样条曲线不仅通过各有序型值点，并且在各型值点处的一阶和二阶导数连续，即该曲线具有连续的、曲率变化均匀的特点。

"非统一有理 β 样条曲线"涉及有理数和无理数、β 样条曲线等数学概念，不是学习 Rhino 的重点，在这里就不再深入了。

NURBS 是一种非常优秀的建模方式，是一种最适合做曲线、曲面的造型方法。在高级三维软件当中都支持这种建模方式，它能够比传统的网格建模方式更好地控制物体表面的曲线度，从而更加逼真、生动地进行造型设计。NURBS 造型总是由曲线和曲面来定义的。因此，可以使用它做出各种复杂的曲面造型和表现特殊的效果，如人的皮肤、流线型汽车、飞机等造型。

小贴士

在设计软件中，除了 NURBS 曲线外，还有一种贝塞尔曲线。法国数学家贝塞尔发明了矢量作图法，所以把用矢量作出的图形叫作贝塞尔曲线。其作用点就是锚点，方向就用方向线来表示，方向线的长短代表了矢量的大小。

一个锚点上通常有两个方向线，它们是两侧线段的切线。

改变锚点的位置、方向线的方向或大小都会改变贝塞尔曲线的形状。贮存矢量图用数学公式记载矢量的 3 个要素，所以信息量很小。由于与像素无关，矢量图在放大或缩小时，清晰度保持不变。

Rhino 中没有使用这种曲线定义的方法，平面设计软件 Coredraw 则用到了。

1.3.3　曲线次数

样条曲线的次数,是由样条曲线数学定义中所取的基函数所决定的。直观地说,构成样条曲线的一段光滑参数曲线段,由控制多边形的相邻连续的几段折线段决定,就是几次样条。最常用的是二次样条和三次样条。二次样条的某一曲线段只与相应的两段折线段,3 个控制多边形顶点有关,改变其中一个顶点,将影响三段样条曲线段。同样的,对三次样条,某一曲线段由相应的三段折线段、4 个控制点决定。

1.3.4　曲线度数

度数有时也被称为阶数。这个概念在 Rhino 中比较重要。在 Rhino 曲面造型的高级阶段,经常碰到 G1 连续性、G2 连续性、A 级曲面等概念,这些都是和度数的概念相关联的。了解度数的概念,有助于理解曲面造型的本质。

一条 NURBS 曲线有 4 个重要的定义项:度数(Degree)、控制点(Control Point)、节点(Knot)、判定规则(Evaluation Rule)。

度数与次数有关,样条曲线的阶是样条曲线的次数加一,其值是一个整数。样条曲线的阶越高,控制点越多。二次样条的度数是三,样条曲线段由 3 个控制点决定;三次样条的度数是四,样条曲线段由 4 个控制点决定。在 Rhino 中,度数为 1 的线条有 Line、Polyline,度数为 2 的线条有 Circle、Ellipse、Arc,度数为 3～5 时是 Freeform 形状。在 Rhino 中,NURBS 的度数在 1～32 之间。

一般来说,度数越高,曲线越光滑,计算所需时间也越长。度数不应该设置过高,以免给编辑造成困难。特别是在产品造型设计的初期阶段,绘制轮廓线的时候,应遵循"简化"的原则,以尽可能少的"点"来绘制曲线。

Rhino 中默认的曲线阶数为 3。曲线的阶数对曲线的影响如下:

(1)曲线的阶数关系到一个 CV 点对于一条曲线的影响范围。越高阶数的曲线的控制点对曲线形状的影响力越弱,但影响范围越广。

(2)越高阶的曲线内部连续性会越好,但是提高曲线阶数并不一定会提高曲线内部的连续性,而降低曲线阶数一定会使曲线内部的连续性变差。

1.3.5　连续性概念

在 Rhino 软件中,连续性概念在曲面设计中不可回避。

连续性(Continuity)是 Geometric Continuty 的简称,它是判断两条曲线或者两个曲面接合是否平滑的重要参数,分为 G0、G1、G2 等不同的级别。

G0 连续＝位置连续；

G1 连续＝相切连续；

G2 连续＝曲率连续。

在设计船舶、飞机、汽车等需要光滑曲面的物体时,要求所使用曲面的连续性至少是 G2。

Rhino 默认的连续性是 G2。在最新版本的 Rhino 5.0 中,已经可以制作 G3、G4 连续性的曲面,但是没有检测工具可以检测出来。

1.3.6　接缝

曲线与曲面(或者曲面与曲面)彼此结合的部位被称为"接缝"(Seam)。需要注意的是,封闭或回环形的曲线、曲面也是存在接缝的,如图 1-1 所示,即使普通的圆环也存在这样一条接缝。

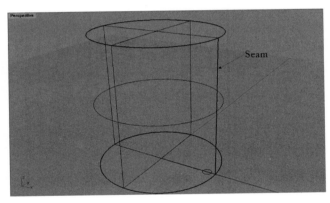

图　1-1

视觉上看,接缝在 Rhino 软件中的显示比一般的线粗些。

可以使用 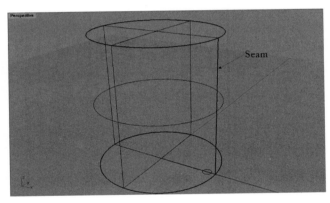(调整封闭曲面的接缝)或 (调整封闭曲线的接缝)命令调整接缝的位置,采用回避的方式来处理这个接缝。

这个接缝的位置经常会对操作过程产生影响,如不注意会造成相当大的麻烦。本书第 6 章"水壶实例"就会碰到这个问题。

1.3.7　结构线、线框、边缘线

结构线(Isocurve)主要用来区分曲面的轮廓,是软件显示输出的需要,没有其他特别的功能。

线框(Wireframe)以曲线的形态展示构造体,需要在视图中选择线框模式。

边缘线(Edgecure)指截面的边缘曲线或指实体的边缘。

以上 3 个概念很好理解。需要注意的是,进行剪切(Cut)、分割(Split)等操作时,尽量点选结构线、线框、边缘线,这样有利于 Rhino 软件判断操作者的选择意图。很多初学者做不出来 Cut 命令,因为他们在选择对象时没有注意这点,还以为是软件出现问题。

1.3.8 STL 文件格式

STL 是文件的扩展名,是快速成型中使用的一种文件格式。在使用 Rhino 完成建模后,需要转换成 STL 文件格式,才能应用到快速成型设备中。

STL 文件格式是 3D Systems 公司在 1996 年开发出来的,它使用三角形面片来表示三维实体模型,现已成为 CAD/CAM 系统接口文件格式的工业标准之一,绝大多数造型系统能支持并生成此种文件格式。利用快速成型设备,就可以制作出逼真的产品模型。

第2章

Rhino 用户界面

学 习 目 标

通过学习本章，读者应当熟悉Rhino软件的界面，
并掌握以下内容：

1. Rhino软件的窗口构成；

2. 图形界面的切换、放大、旋转；

3. 基本绘图工具的使用方法。

本章将介绍Rhino软件的界面及常用功能，并通过
一个简单实例加深读者对软件界面的了解。

2.1 Rhino 操作界面简介

Rhino(犀牛)软件的图形界面是一个非常类似 Windows 风格的界面。只要具备一定的电脑使用经验,都能很快上手使用。本章通过几个简短的案例,使读者能够快速地掌握该软件的基本操作方法及建模思路。

2.1.1 菜单栏

在菜单栏中所列出的是 Rhino 的各种命令。主菜单上共有 12 个菜单项,各菜单命令功能如下。

文件(File):用于新建、打开、保存文件,导入导出其他格式的文件,打印及系统设置等。

编辑(Edit):用于恢复、剪切、复制、选择对象、编辑对象以及合并对象等。

视图(View):用于设置对象和视图的显示方式。

曲线(Curve):用于创建线段、弧等二维图形及混合图形等。

曲面(Surface):用于拉伸、旋转、放样等修改。

实体(Solid):用于创建长方体、球体等三维物体以及交集、差集等运算。

变动(Tansform):用于对三维物体的移动、旋转、复制等编辑。

工具(Tools):用于控制对象和视图属性,如捕捉对象、视图网格单位设置等。

标注(Dimension):用于测量对象的长、宽、高等数值。

分析(Analyze):用于分析对象的长度、方向角度等属性。

渲染(Render):用于渲染对象和建立灯光。

帮助(Help):帮助文件,介绍得很详细,一定要认真看。另外如果对哪个命令不明白可以先执行该命令然后打开帮助文件,这样可以获得关于该命令的帮助。

2.1.2 工具栏

图 2-1 所示为 Rhino 的工具栏,在工具栏中包含了一些常用命令的快捷按钮。

图 2-1 Rhino 的工具栏

小贴士

　　将光标放到工具栏上方，当光标变为十字时可以任意拖动工具栏的位置。请注意有些快捷按钮使用光标左键和右键单击后的命令是不同的。将光标放到快捷按钮上方，过一会儿出现快捷按钮的名称和一个标志，如图 2-2 所示。上面的标志表示单击为打开文件，右击为输入输出模型。快捷按钮的右下方带有三角标志的表示还有扩展工具，在这样的快捷按钮上右击可以弹出扩展工具。

图　2-2

2.1.3　工具箱

　　Rhino 界面左侧放了一个工具箱（如图 2-3 所示），工具箱和工具栏一样，里面是一些常用工具，同工具栏一样，快捷按钮的右下方带有三角标志的表示还有扩展工具。

图　2-3

　　Rhino 软件默认的工具箱是竖排在界面左侧的，图 2-3 所示是为了书籍排版的需要对工具箱进行了一定的调整。

　　工具的具体使用方法，将在后面的内容中详细介绍。

2.1.4　视图区

　　视图区是显示模型的窗口，拖动视图区的边界可以改变窗口的大小。在 Rhino 中可以打开多个窗口，方法是激活一个视图后，右键单击工具栏上的 ⊞ 按钮，可以展开【工作视窗配置】工具栏，里面有多个分割、配置窗口的工具。使用对应的工具，可以将窗口分割、调整，如图 2-4 所示。

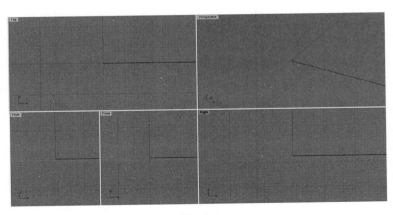

图　2-4

　　使用鼠标左键按住视图上的标题栏，然后拖动鼠标可以移动视图的位置。在视图上的标题栏上右击可以弹出快捷菜单，来控制视图。在视图上按住鼠标右键，然后拖动鼠标即可移动或旋转视图。Rhino 支持 3 键鼠标，中间的键可以用来缩放窗口。

2.1.5　命令行

　　在命令行中会显示命令提示，输入命令或快捷键后按下回车键或鼠标右键便会执行相应的命令。按 F2 键可以扩展命令行。

　　要执行一个命令，只要在命令行中输入该命令的前几个字母然后回车即可，如执行 Revolve 命令，只要在命令行中输入 rev 按下回车即可。如果要重复执行命令只要再次按下回车，或在视图中右击即可。命令行会记录前几次使用的命令，在命令行上右击会弹出快捷菜单，从中可以选择命令。

2.1.6　状态栏

　　在状态栏中除了会显示物体的状态和坐标外还有几个很有用的工具，如图 2-5 所示。

| 工作平面 | x 11.656 | y 8.280 | z 0.000 | | ■ Default | | 锁定格点 | 正交 | 平面模式 | 物件锁点 | 记录建构历史 |

图　2-5

状态栏中的 Defaule 是 Rhino 的层系统，与 Photoshop 中的图层概念类似，在不同层创建对象既可以进行单独修改和观察，又可以当作整个图形的组成部分进行修改和观察。在黑色方框上单击即可切换为不同图层，在方框上右击会弹出编辑图层（Edit Layers）窗口，在这个窗口中可以新建、删除图层，也可以更改图层的名称和颜色。在层系统后还有几个模型帮助按钮，在一个按钮上单击，按钮由灰色变为黑色表示功能已经激活，其中：

锁定格点（Snap）为捕捉按钮，激活后光标会按网格移动，一次最少移动一个网格单位的距离。

正交（Ortho）为直角按钮，激活后，光标将按固定角度移动，默认角度为 90°。

平面（Planar）可以用来倒角对象，也可以用来画非平面对象，就是将对象置于最后所选点，且与所倒角平行的平面上。

物件捕捉（Osnap）具有非常方便的功能，用来选定对象上特定的点，在按钮上单击弹出该工具栏。其中：

端点（End）：将光标移到曲线尾端。

附件点（Near）：将光标移到离曲线最近的地方。

点（Point）：将光标移到控制点。

中点（Mid）：将光标移到曲线段中点。

中心点（Cen）：将光标移到曲线中心，如圆心、弧心等。

交点（Int）：将光标移到两个线段交点。

垂直点（Perp）：将光标移到曲线上与上一选取点垂直的点处。

切点（Tan）：将光标移到曲线上与上一选取点正切的点处。

四分点（Quad）：捕捉曲线、圆、椭圆、弧的四分点。

节点（Kont）：捕捉钮节点。

投影（Project）：将利用"物体捕捉"找到的点投射到构造平面上。

停用（Disable）：关闭以上选项。

2.2 基础操作

前面介绍了 Rhino 的界面，本节将介绍 Rhino 的基本操作，如新建文件、输入模型、物体的移动、旋转等。在 Rhino 中,单击鼠标右键用来确定或执行一个命令,而单击左键主要用来选择物体。

1. 自定义工具栏

在 Rhino 中可以自定义工具栏和工具箱,将工具栏上没有的命令加入进去,这样使用起来会更加顺手,甚至还可以更改快捷按钮的图标。

单击【工具】菜单中的工具列配置命令,弹出【工具列】对话框,如图 2-6 所示,在这个窗口中可以对工具栏的各项属性进行修改。在【工作视窗配置】项中是系统默认的工具栏格式,选择【文件】|【打开】命令可以打开一个工具栏格式。如果不想在界面中显示工具栏可以选择【文件】|【关闭】命令。选择【文件】|【新建】命令可以新建一个空白的工具栏,然后在上面添加命令的快捷按钮。在【工具列】项中是工具栏格式中的工具,勾选一个选项后,相应的工具即会显示。

图   2-6

2. 新建文件

运行 Rhino 后单击工具栏上的 ▭ 快捷按钮,在弹出的【模板文件】窗口中有 6 种模板,分别是 3 视图、厘米、英尺、英寸、米和毫米。选择哪种模板根据要制作模型的量度单位的尺寸而定。

3. 建立物体

单击工具箱中的 ⬛ 快捷按钮,在顶视图中拖拽出一个矩形,单击后向上拖出长方体,再次单击鼠标左键确定,建立完成一个长方体。这样建立的长方体的尺寸和坐标不是很精确,要想获得精确的模型就要用坐标来建立。在 Rhino 中有以下 3 种坐标系统。

(1)绝对坐标。绝对坐标是坐标系统的一种形式,它指明了某点在 X,Y 和 Z 轴上的具体位置。以建立一个立方体为例,单击工具箱中的 ⬛ 快捷按钮后在命令行中输入 0,0 按下回车键或鼠标右键确定,接着在命令行中输入 5,5 按下回车键后,输入 5 确定,这样一个立方体就会建立完成。

(2)相对坐标。在视图中选取一点后,Rhino 会将它的坐标作为最后选取点的坐标保存起来。相对坐标就以保存的点的坐标为基础进行计算。在输入相对坐标时要在前面加上 r。这里以一个矩形为例,单击工具箱上的 ⬠ 快捷按钮,在命令行中输入 0,0 按下回车键,在命令行中输入 r5,0 回车。接着输入 r0,5 回车,最后输入 r−5,0 回车后输入 c

闭合线段。

（3）极坐标。极坐标确定一点与原点的距离和方向。使用极坐标建立一个三角形，单击工具箱中的![按钮]快捷按钮，在命令行中输入 0,0 回车后输入 r560，接着输入 r5＜300 回车后在命令行中输入 c 闭合线段。

4. 移动物体

在视图中建立一个正方体，单击正方体，这时正方体变为黄色高亮显示表示已被选中，选择多个物体可以用框选。选中物体后拖动鼠标，可以看到从鼠标单击的点处拖出一条线，用于定位。配合上一节介绍的【锁定格点】和【正交】按钮可以在视图中准确地移动物体。

5. 旋转物体

Rhino 中的旋转命令可使物体围绕一个基准进行旋转，方法是，在视图中建立一个立方体，单击工具栏上的![按钮]快捷按钮，在视图中选中正方体后右击，这时光标变为十字，在视图中单击鼠标出现一个点，这个点是旋转的圆心，接着拉出一条线段，拖动线段即可旋转物体，要想精确地旋转一个角度可以在命令行中输入。如果在![按钮]快捷按钮上右击则是另一种旋转方式 Rotate 3-D，这种旋转很像镜像，就是在视图中拖出两个坐标轴，然后沿着其中一个坐标进行旋转。

6. 缩放物体

和旋转物体相似，要想缩放物体只要单击工具栏上的![按钮]快捷按钮，在视图中单击，然后就可以根据基准利用拉出的线段进行缩放。

7. 复制物体

单击工具栏上的![按钮]快捷按钮，选定好基准后，根据线段选择复制物体的位置，按下鼠标左键复制一个物体，继续接着拖动线段可以复制多个物体。右击完成复制。

8. 隐藏物体

选中要隐藏的物体后，单击工具栏中的![按钮]快捷按钮即可将物体隐藏，右击该按钮便可显示物体。

9. 锁定物体

一个模型经常是由多个物体组成的，在制作过程中有时需要将一个或多个物体锁定使其不被移动和修改。选中要锁定的物体选择【编辑】|【可见性】|【锁定】命令可以将物体锁定，被锁定的物体呈灰色，不能被选定。选择【编辑】|【可见性】|【解锁】命令可以解除物体的锁定状态。

10. 阴影图

由于在视图中编辑模型时物体是以线框形式显示的,为了方便大家可以更直观了解模型的外形,Rhino 提供了阴影图的模式。单击工具栏上的 ⊕ 快捷按钮即可将视图切换为阴影图模式,这样可以预览还没有渲染的物体。在阴影图模式中可以移动和旋转视图但不能编辑物体,右击则退出阴影图模式。在 ⊕ 快捷按钮上右击可以使所有视图切换为阴影图模式。

11. 输入输出模型

制作一个效果或动画常常需要几种软件共同来完成,Rhino 具有强大的建模功能,但它的材质编辑和渲染功能很弱,这样就需要将 Rhino 制作的模型输出到其他软件中进行进一步的编辑和合成。Rhino 支持十余种文件格式的输入输出。

输入模型:在工具栏上的 📁 快捷按钮上右击可以弹出【输入】窗口,在文件类型中可以选择输入文件的格式。

输出模型:在 Rhino 中输出模型有两种方法,如果要将场景中所有的模型都输出的话可以选择【文件】|【另存为】命令,在保存类型中选择输出的文件格式。如果只想输出场景中的一个物体,那么就先选中这个物体然后右击 💾 按钮,在弹出的快捷菜单中选择输出格式。

2.3 Rhino 的灯光与材质

Rhino 的灯光和材质功能比较薄弱,很难得到比较真实的效果,在这里仅介绍基本的功能。如果要想得到更好的效果,最好将模型输出到其他 3D 制作软件中进行灯光和材质方面的处理,也可以下载 Rhino 的渲染插件。

运行 Rhino 后,创建一个简单几何体或者打开一个已有的模型。首先为模型添加灯光。右击工具栏上的 🔦 快捷按钮,出现扩展工具栏,在扩展工具栏中就是 Rhino 中的 3 种灯光(图 2-7)。

这 3 种灯光分别是:聚光灯,点光和平行光。

(1)聚光灯:它的光线呈圆锥发散,用来照明场景和模拟一些真实世界中的灯光,如探照灯，手电筒等。

（2）点光：就像 3ds Max 中的泛光灯，它的光线像太阳一样向四周投射。

图   2-7

（3）平行光：与聚光灯唯一不同的就是它发出的光线是平行的。

下面通过一把钥匙的模型来介绍。读者也可以选择各种模型来进行操作，具体步骤如下。

（1）建立一盏聚光灯，激活前视图，单击工具栏上的 快捷按钮，在视图中单击，然后拉出聚光灯的照射范围，聚光灯的照射范围要大于钥匙一些，单击后拉出光照方向。选取聚光灯并在右视图中旋转一些角度，结果如图 2-8 所示。

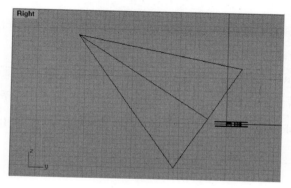

图   2-8

（2）单击工具栏上的 按钮渲染透视图，可以看到添加了灯光的效果，如图 2-9 所示。

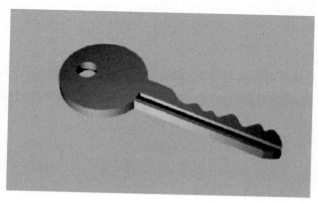

图   2-9

现在场景还有些暗，我们接着添加一盏点光。

（3）单击灯光扩展工具栏中的 ⊙ 快捷按钮，在右视图中（图 2-10）所示位置放置一盏点光。现在再次渲染透视图，效果稍好一些。

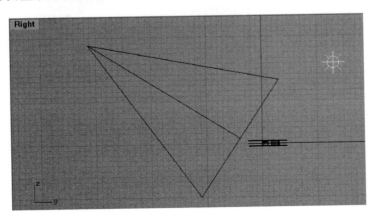

图　2-10

（4）下面对灯光的参数进行设置。

在视图中选取聚光灯，选择【编辑】|【物件属性】命令或按下 F3 键进入灯光的参数设置窗口（图 2-11），在【灯光】选项中如果取消【开】项的勾选，就会在渲染中关闭灯光，后面的【颜色】框是用来控制灯光的颜色，单击颜色框弹出【选择颜色】窗口。从中设置灯光的颜色。如图 2-12 所示下方的【阴影浓度】滑块用来设置投射的阴影强度。【灯光强度】滑块用来设置光照强度。这里将阴影浓度设置为 100，灯光强度设置为 80。

图　2-11

（5）单击视图中的点光进入设置对话框可以看见对于点光只能设置它的灯光颜色，将点光的颜色设置为【选取颜色】对话框中的 Gold。阴影强度和光照强度将采用默认值不能进行修改。灯光设置好了下面来编辑钥匙的材质。

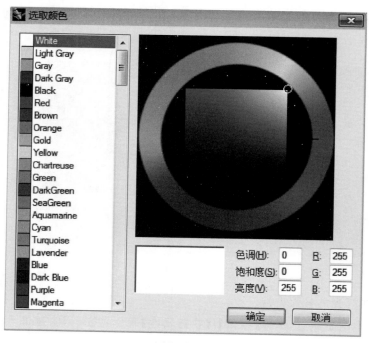

图　2-12

（6）在视图中选取钥匙造型，按下
F3 键将进入物体属性窗口（图 2-13），
打开【材质】项，在【指定方式】选项组
中选择【基本】项，对物体的基本材质
进行编辑。【颜色】框用来更改物体的
颜色。下面的滑块用来控制光泽度，
这里将光泽度设置为 100。透明度用
来控制物体的不透明度。将透明度设
置为 100，物体将隐藏，这里将不透明
度设置为 0。

最下面的【材质】和【凹凸】两个按
钮用来设置物体的纹理和凹凸贴图，
在按钮上单击后会弹出一个对话框用
来选择贴图文件。如果想取消物体的

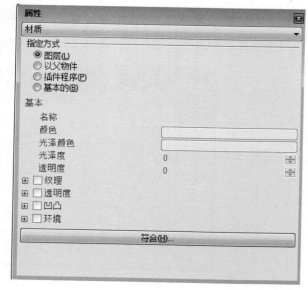

图　2-13

贴图，只要将按钮后面的贴图路径删除即可。渲染视图后，一把生锈的钥匙就完成了，如
图 2-14 所示。

图　2-14

2.4　实例练习　钥匙

　　了解了 Rhino 的界面和基本操作后,本节将介绍用 Rhino 制作一把钥匙的实例,让我们在动手中更多地了解 Rhino 的使用方法。这是个很简单的例子,读者从中可以了解 Rhino 中线段的剪切和连接,将轮廓拉伸成模型和布尔运算的使用。

　　(1)运行 Rhino 后,双击顶视图中的标题栏最大化顶视图,利用工具箱中的线段和曲线工具在视图中建立如图 2-15 所示的轮廓。接着单击工具箱中的 快捷按钮在视图中单击建立圆心后,在命令行中输入 3.5 回车画出一个圆,放置到图 2-16 所示的位置,钥匙的基本轮廓出来了。

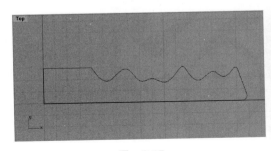
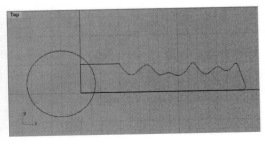

图　2-15　　　　　　　　　　　　　　　图　2-16

　　(2)接着将轮廓中多余的线去掉。单击工具箱中的 快捷按钮,在视图中选取所有的轮廓线,右击确定后在视图中单击多余的线,如图 2-17 所示。

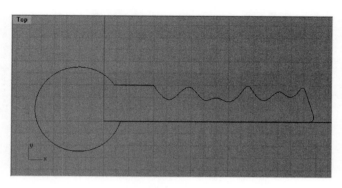

图　2-17

现在钥匙的轮廓是由多个线条组成,为了下一步的拉伸处理需要将这些线条连接到一起。

(3)单击工具箱中的 快捷按钮,在视图中按顺序选取线条,然后右击完成连接。

(4)选择【曲面】|【挤出】|【直线】命令。在视图中选中轮廓线,右击后不要直接拖动鼠标拉伸轮廓,先在命令行中输入 C,这样可以使轮廓变为立体图形,回车确认后输入 B,这样可以同时拉伸两侧的轮廓,确认后,输入拉伸的尺寸 0.5,然后单击,拉伸出钥匙的造型。

(5)下面用布尔运算来完成钥匙上的凹槽。

单击工具箱上的 快捷按钮,在视图中单击一点,然后在命令行中输入 r15,0.6 回车后输入 0.6,建立一个长度为 16 的长方体,放置如图 2-18 所示的位置。

先选取钥匙造型,然后单击工具箱中的 工具,在弹出的扩展工具栏中单击 按钮,在视图中选取长方体,右击,这样长方体就被剪切掉了。

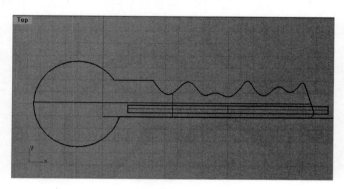

图　2-18

(6)接着来制作钥匙后面的孔。

使用圆柱体工具 在右视图中单击,然后在命令行中输入 0.8,接着输入 3,建立一个圆柱体，放置在钥匙孔的位置。在工具箱中使用前面用过的 工具将圆柱体剪切，结果如图 2-19 所示。

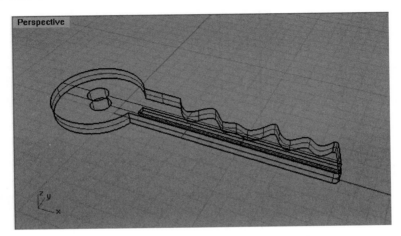

图　2-19

现在一把钥匙就制作完成了。

单击工具栏上的 按钮可以对视图进行渲染。这是个非常简单的例子，只用了 Rhino 中的几个基本的工具，后面将用 Rhino 制作更为复杂的案例。

第 **3** 章

Rhino 建模基础

学 习 目 标

通过学习本章，读者应当掌握以下内容：

1. Rhino中线的有关概念及编辑工具详解；

2. Rhino中曲面的有关概念及编辑工具详解；

3. 曲线、曲面的连续性及分析工具的使用。

本章将详细介绍Rhino软件中曲线、曲面的相关概念、编辑工具及注意事项。内容虽略显枯燥，却是Rhino学习过程中的重点，希望读者能够静下心来好好学习这部分内容。

Rhino 软件建模一般按照从线到面，从面到体的流程，因此只有掌握好了曲线、曲面的相关内容，才能在Rhino软件的使用过程中如鱼得水。

3.1 点、线的创建工具

3.1.1 点的创建工具

单击界面左侧工具箱中"点"按钮 ，在视图中单击即可创建点对象。

一般而言，在产品建模过程中，很少用到单独存在的点，往往配合各种"捕捉"工具，起到类似"定位"的辅助作用，用完后就删除。

为了方便叙述，本书将 Rhino 中的曲线类型依据创建方式分为两种：

```
          ┌ 几何曲线 ┬ 通过键盘输入几何曲线的参数来绘制曲线
          │         └ 利用鼠标左键确定曲线关键点的位置来绘制曲线
          │
          └ 自由造型曲线 ┬ 控制点曲线（CV 曲线）
                        └ 编辑点曲线（EP 曲线）
```

曲线的创建方式分为两种，通过键盘输入参数或关键点的坐标来创建曲线，也可以通过单击确定关键点的位置来绘制曲线。利用键盘输入参数方式的优点在于创建的图形相对精准，而利用鼠标单击的方式则随意性强，操作过程也比较直观。

除了线的创建工具，Rhino 中其他物体如曲面、几何体等的创建也往往存在对应的这两种方法。读者可根据具体的设计流程、产品特点等来选择合适的方式。

3.1.2　线的编辑工具

　　Rhino 提供了多种曲线编辑工具以满足用户多样的需求，灵活运用曲线编辑工具可以提高模型质量及建模效率。本小节将介绍几种 Rhino 中常用且典型的曲面编辑工具。

　　1. 调整曲线形态

　　一般来说，很少能一次就将曲线绘制得非常精准。通常都是先绘制出大概的形态，然后再显示曲线的 CV 点，通过调整 CV 点来改变曲线的形态到用户所需的状态。

　　2. 延伸曲线工具

　　Rhino 提供了多种曲线延伸的方式，单击工具箱中的 ⬚|⬚ 按钮，数秒钟后即可弹出如图 3-5 左图所示的【延伸】工作组，或选择【曲线】|【延伸曲线】命令，也可显示其下的命令组，如图 3-5 右图所示。

　　(1)【延伸曲线】⬚:延伸曲线至选取的边界，以指定的长度延长，拖曳曲线端点至新的位置。

　　(2)【连接】⬚:此命令在延伸曲线的同时修剪掉曲线交点以外的部分，注意鼠标单击点的位置不同，修剪掉的部分也不一样，如图 3-1 所示。

图　3-1

　　(3)【延伸曲线(平滑)】⬚:延伸后的曲线与原曲线曲率(G2)连续。

　　(4)【以直线延伸】⬚:延伸部分为直线。延伸后的曲线与原曲线相切(G1)连续，可以利用【炸开】工具将其炸开。

　　(5)【以圆弧延伸至指定点】⬚:延伸部分为圆弧，延伸后的曲线与原曲线相切(G1)连续，可以利用【炸开】工具⬚将其炸开。图 3-2 所示为不同延伸方式产生的效果。

　　(6)【以圆弧延伸(保留半径)】⬚:延伸部分为圆弧，产生的延伸圆弧半径与原曲线端点处的曲率圆半径相同。

　　(7)【以圆弧延伸(指定中心点)】⬚:延伸的部分为圆弧，通过指定圆心的方式确定延伸后的圆弧。

　　(8)【延伸曲面上的曲线】⬚:延伸曲面上的曲线到曲面的边缘，延伸后的曲线也位于曲面上。图 3-2 所示为延伸曲面上的曲线的结果。

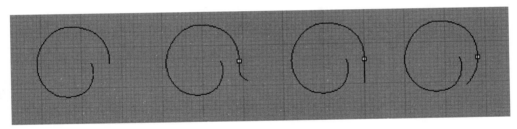

图　3-2

3. 曲线圆角工具

【曲线圆角】工具 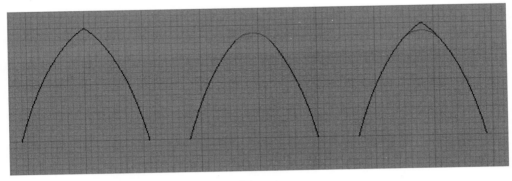 是 Rhino 中非常重要的工具,通常用于对模型中尖锐的边角进行圆角处理。在使用 工具时,圆角命令需要两条曲线在同一平面内。

Rhino 4.0 还新增了【全部圆角】工具 ,可以使用户快速地以同一半径对多重曲线或多重直线的每个锐角进行圆角处理。

(1)【半径】:输入数值,设定圆角大小。注意,若圆角太大超出了修剪范围,则倒角操作可能不会成功。

(2)【组合】:设定进行圆角处理后的曲线是否结合。设定为"是",可以免去再使用【组合】工具 进行结合的操作。

(3)【修剪】:设定进行圆角处理后是否修剪多余部分。图 3-3 所示为设定不同修剪选项的效果。

图　3-3

(4)【圆弧延伸方式】:当要进行圆角处理的两条曲线未相交时,系统会自动延伸曲线使其相交,然后再做圆角处理。该选项用于指定曲线延伸的方式。

4. 曲线斜角工具

【曲线斜角】工具 的功能非常相似。

5. 偏移曲线工具

【偏移曲线】工具 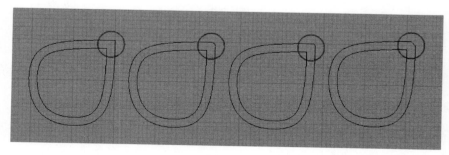 可以以等间距偏移复制曲线。

(1)【距离】：设定偏移曲线的距离。

(2)【角】：当曲线中有角时，设定产生的偏移效果，图 3-4 所示为不同选项产生的效果。

图　3-4

(3)【通过点】：代替使用输入偏移距离的方式，通过利用鼠标设定偏移曲线要通过的点的方式进行偏移。

(4)【公差】：偏移后的曲线与原曲线距离误差的许可范围，默认值和系统公差相同，公差越小，误差越小，但是偏移后曲线的 CV 点数越多。

(5)曲线的 CV 点分布与数目直接影响曲线的质量，若不严格要求偏移间距误差，可以适当提高公差值以减少 CV 点的数目。图 3-5 左边两图所示为不同公差值得到的偏移曲线的 CV 点的效果。

①如果要利用偏移前后的两条曲线构建曲面，且构建的曲面之间又要做混接处理，则基础曲线如果有相同的 CV 点数目与分布，产生的曲面结构和质量要高一些。可以通过复制并缩放曲线来模拟偏移效果，如图 3-5 右图所示。

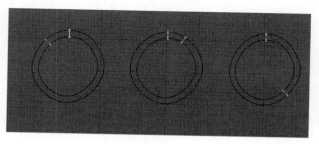

图　3-5

②用户可以利用 ▦ |【分析曲线偏差值】工具 ✛ 来分析偏移前后两曲线的最大与最小偏差值，分析的结果显示在命令栏中。图 3-6 所示为不同公差与模拟偏移的偏差值，图

中的绿色标记表示最小偏差值,红色标记表示最大偏差值。通过分析曲线偏差值,可以看出使用复制并缩放曲线来模拟偏移效果的优势,可以保证曲线的 CV 点数目及分布与原曲线相同。只要不是很严格地要求偏离间距误差,最好使用模拟方式。

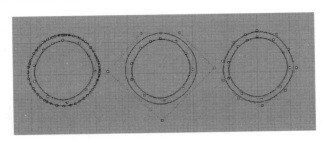

图　3-6

(6)【两侧】:单击该选项后,会同时向曲线的内侧与外侧偏移曲线。

3.1.3　曲线的质量与检测

曲面是由曲线构建的,曲面质量的好坏很大程度上取决于基础曲线的质量。可以从以下几个方面来评价曲线的质量与构建高质量的曲线。

1. 连续性

曲线的质量可以通过曲线连续性来界定,连续性(Continuity)用来描述曲线或曲面间的光顺程度,即光滑连接。曲线连续性越高,则曲线质量越好。连续性包括曲线内部的连续性与曲线间的连续性。

一条 β 样条曲线往往难以描述复杂的曲线形状。这是由于增加曲线的顶点数,会引起曲线阶数的提高,而高阶曲线又会带来计算上的困难,增加计算机的负担,在实际使用过程中,曲线阶数一般不超过 10,常用 3～5 阶曲线。对于复杂的曲线,常采用分段绘制,然后将各段曲线相互连接起来,并在连接处保持一定的连续性。

在 Rhino 中常用的连续性有位置连续(G0)、相切连续(G1)、曲率连续(G2)。

Rhino 4.0 中也提供了 G3、G4 连续,但是并没有相应的检测工具。单击工具箱中的 ⬛|【可调式混接曲线】按钮⬛,在弹出的【调整曲线混接】面板中,可以设定曲线混接的连续性级别。

对于绝大部分的建模过程来说,G2 连续已经可以满足需求了,通常没有必要使用 G3、G4 连续,而且 Rhino 中提供的大部分曲面创建工具最高只能达到 G2 连续。

2. 曲线连续性的检测工具

Rhino 提供了 G0～G2 曲线连续性的检测工具。单击工具箱中的 ⬛|【开启曲率图

形】按钮 和【两条曲线的几何连续性】按钮，可以检测曲线间的连续性。或选择菜单栏中的【分析】|【曲线】命令下的子选项,也可检测曲线间的连续性。

（1）【开启曲率图形】工具。

【开启曲率图形】工具 以曲率梳的形式显示曲线内部或曲线间的连续性。用户可以通过观察曲率图形在曲线端点处的方向和高度来判断曲线之间的连续性。图 3-7 所示为两条曲线连续性为 G0、G1、G2 时,曲率图形的显示状态。

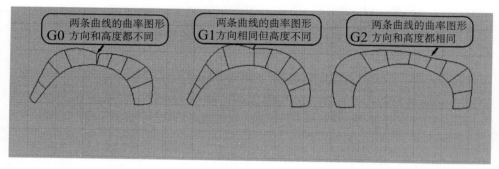

图 3-7

G0:曲率图形在曲线端点处的方向和高度都不相同。

G1:曲率图形在曲线端点处的方向相同,但是高度不相同。

G2:曲率图形在曲线端点处的方向和高度都相同。

工具除了可以判定曲线之间连续性外,还可以用来检测曲线内部的连续性及判定曲线的质量。

（2）【两条曲线的几何连续性】工具。

【两条曲线的几何连续性】工具 会在命令栏中显示两条曲线连续性的检测结果,如图 3-8 所示。

指令：-GCon
第一条曲线-点选靠近端点处:
第二条曲线-点选靠近端点处:
曲线端点距离=0.000毫米
曲率半径差异值=2.224毫米
曲率方向差异角度=0.000
相切差异角度=0.000
两条曲线形成 G1

图 3-8

3. 曲线 CV 点与曲线质量

曲线 CV 点的数量与分布直接影响着曲线的质量。

如图 3-9 所示,曲线 1 为初始曲线,是 3 阶 4 个 CV 点曲线,曲率图形很光顺,说明内部连续性较好;曲线 2 为在初始曲线基础上的微调,其中两个 CV 点后的修整曲线形态,说明调整 CV 点并没有破坏曲线的内部连续性。

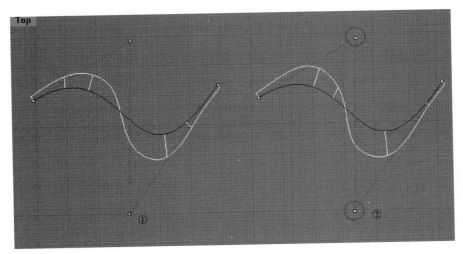

图　3-9

如图 3-10 所示,曲线 3 是在曲线 1 基础上增长了多个 CV 点,但是并未对 CV 点进行调整,曲率图形还是比较光顺,但是曲率梳的密度增加,说明曲线相对初始曲线更加复杂;曲线 4 为在曲线 3 的基础上微微调整其中的两个 CV 点来修整曲线形态,其曲率图形起伏变得复杂,说明调整 CV 点大大降低了曲线的内部连续性,即降低了曲线质量。

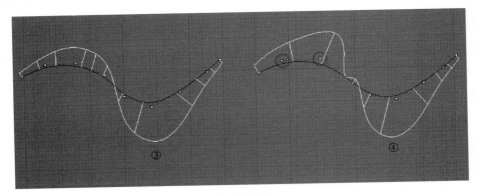

图　3-10

如图 3-11 所示,曲线 5 是直线徒手绘制的 3 阶 9 个 CV 点的曲线,其曲率图形相对曲线 1 复杂很多,说明相对于曲线 1,曲线 5 的内部连续性较差。

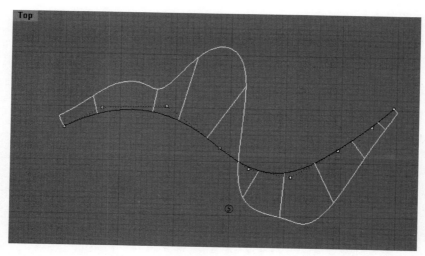

图　3-11

　　由此可以得到结论：曲线的 CV 点数目越少，曲线质量越高，调整其形态对内部连续性的影响越小。在绘制曲线时，要尽量控制 CV 点的数目，这需要对 CV 点的分布做合理的规划，对形态变化较大（即曲率大）的位置可以适当增加 CV 点，而形态平缓的位置要精简 CV 点；在绘制曲线时尽量减少不必要的 CV 点，当在调整局部形态不能满足要求时，可以再在该处添加 CV 点。

　　4. 曲线阶数与曲线的内部连续性

　　阶数越高的曲线其内部连续性就会越好。如图 3-12 所示，曲线 1、曲线 2 为阶数不同、CV 点数目相同、形态相似的曲线，可以看出 4 阶曲线的曲率图形明显要比 3 阶曲线光顺。需要注意的是，并不能通过提高曲线阶数（使用　　|【改变阶数】工具　　）来改善曲线内部的连续性，如图 3-12 右图所示，曲线 3 是在曲线 2 的基础上提高阶数得到的，曲率图形并没有得到改善，同时增加了 CV 点数目。但是降低曲线阶数一定会降低曲线内部的连续性，在绘制曲线时，使用默认的 3 阶曲线就可以满足通常的曲线内部连续性，使用阶数更高的曲线会增加计算机的运算量。

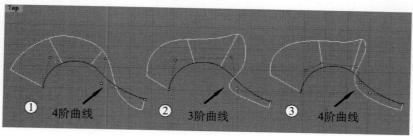

图　3-12

3.1.4　曲线连续性的实现

在绘制曲线时,很多时候需要对两条曲线进行连续操作,G0、G1 连续性很容易完成,除了使用【衔接曲线】工具  外,还可以通过手动调整来达到 G0、G1 的连续。但是 G2 连续不能通过手动完成,也不能手动调整已经达到 G2 连续的曲线的 CV 点来改变曲线形态,这样会破坏原有的连续性,而是要使用其他相应工具。下面对这些工具进行详细介绍。

1. 混接曲线工具

【混接曲线】工具 可以在两条曲线之间以指定的连续性生成新的曲线。【垂直混接】工具 则可以生成与两个曲面边缘垂直的混接曲线。【可调式混接曲线】工具 可以直接在生成混接曲线的同时编辑曲线形态,使用起来更加直观、灵活。

工具的功能完全包含了 工具与 工具的所有功能,下面通过实际操作来重点介绍【可调式混接曲线】工具 的使用方法。

(1)单击工具箱中的 ┃ 按钮,依次选取两条曲线后,弹出【调整曲线混接】命令面板。

(2)在视图中分别单击两条曲线的端点处,如图 3-13 所示。

(3)此时命令栏提示选取要调整的控制点,单击选择如图 3-14 所示 CV 的点。

小贴士

　　为了得到对称的混接曲线,事先在曲线上放置了两个点对象,以方便后面通过捕捉来调整混接曲线形态。

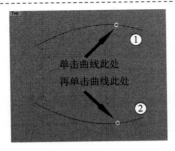

图　3-13

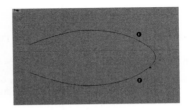

图　3-14

(4)开启 ☑点 捕捉,拖曳鼠标光标到如图 3-15 所示的点后释放鼠标左键。以相同的方式调整另一侧的 CV 点,完成效果如图 3-16 所示。

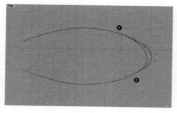
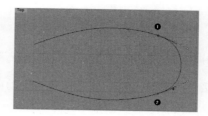

图　3-15　　　　　　　　　　　图　3-16

（5）按住 Shift 键，用鼠标拖曳任意一端中间的 CV 点，就可以用对称的方式来调整混接曲线的形态，如图 3-17 所示。

（6）右击完成调整，产生的混接曲线如图 3-18 所示。

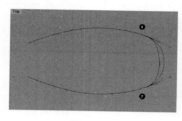
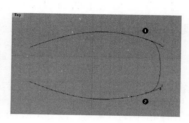

图　3-17　　　　　　　　　　　图　3-18

2. 混接曲线命令栏中选项的功能

（1）在曲线之间生成混接曲线。

单击工具箱中的 按钮，选择要混接的两条曲线后，即可动态地对曲线形态进行调整。

【连续性 1】|【连续性 2】：可以设定生成的混接曲线与原有两曲线在端点处连续性级别。这个命令除了生成 G0～G2 外，还可以生成 G3、G4 连续的曲线。

【反转 1】|【反转 2】：单击该选项后，会反转生成的混接曲线的端点。

【显示曲率图形】：单击该选项后，变为"是"即可在调整形态时显示曲率图形，以方便用户分析曲线质量。图 3-19 所示为显示曲率图的状态。

除了可以混接曲线，还可以在曲面边缘、曲线与点、曲面边缘与点之间生成混接曲线。

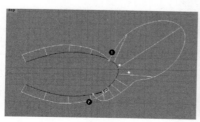
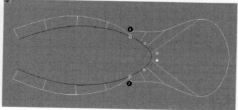

图　3-19

小贴士

在选择要调整的 CV 点之前按住 Shift 键,可以对 CV 点做对称调整。

(2)在曲面边缘之间生成混接曲线。

【边缘】:单击 按钮后,在命令栏中单击该选项,即可以从曲面边缘开始建立混接曲线。命令栏会提示选取要做混接的曲面边缘。

【角度_1】|【角度_2】:默认情况下,生成的混接曲线与原曲线边缘垂直,如图 3-20 左图所示,可以通过该选项设定其他角度的混接曲线。也可以在选择要调整的 CV 点之前按住 Alt 键,以手动方式设定混接角度,产生的效果如图 3-20 右图所示。

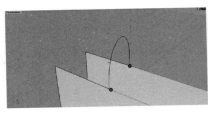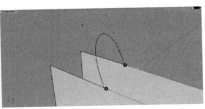

图　3-20

(3)在曲线与指定点之间生成混接曲线。

【点】:单击 按钮后,在命令栏中再单击该选项,命令栏会提示选取曲线要混接至的终点。其操作过程如图 3-21 所示。

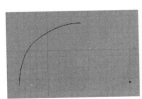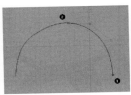

图　3-21

3．调节曲线端点转折

当两曲线之间的连续性为 G1 或 G2 时,就不能手动调整其连接处的 2～3 个 CV 点,否则会破坏其连续性。如果要通过调整连接处的 2～3 个 CV 点来修整曲线形态,就必须借助【调节曲线端点转折】工具 。

4．衔接曲线

【衔接曲线】工具 可以通过改变指定曲线端点处的 CV 点的位置来使其与另一曲

线达到指定的连续性。

　　其使用方式非常简单,就是依次选取要进行衔接的曲线(调整其 CV 点)的一端与要被衔接的曲线(形态不变)的一端,在弹出的【衔接曲线】对话框中,设定需要的连续性,如图 3-22 所示,相应选项介绍如下。

　　【连续性】:其下有 3 个选项,对应 G0~G2 连续性。

　　【维持另一端】:其下的选项用于设定要进行衔接的曲线的另一端的连续性是否保持。

　　【互相衔接】:选中此复选框,两条曲线均会调整 CV 点的位置来达到指定的连续性,衔接点位于两曲线端点连线的中心处。图 3-23 所示为选中与未选中【互相衔接】复选框时两曲线的状态。

图　3-22

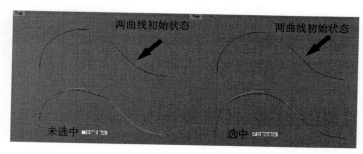

图　3-23

　　【组合】:选中此复选框,衔接曲线后会对两条曲线进行组合,相当于衔接后再执行【组合】命令 。

　　【合并】:选中此复选框,衔接曲线后会将两条曲线合并为一条单一曲线,合并后的曲线就无法使用【炸开】命令 将其炸开。此选项只在【连续性】选项为 G2 时可用。

3.2　曲面的创建与编辑

　　Rhino 是以曲面技术为核心的建模软件,这和其他实体建模软件(如 Pro/E、UG)有很大的不同,Rhino 在构建自由形态的曲面方面具有灵活、简单的优势。

3.2.1 曲面的相关概念

在学习曲面创建工具之前,首先要了解曲面的相关概念,这对于曲面创建和编辑会有很大的帮助。

1. 曲面的标准结构

Rhino 曲面标准结构是具有 4 个边的类似矩形的结构,曲面上的点与线具有两个走向,这两个方向呈网状交错,如图 3-24 所示。

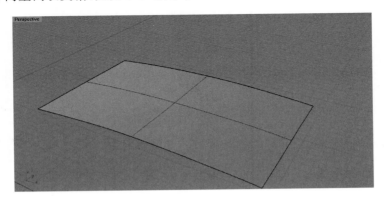

图　3-24

但是,在建模过程中可能遇见的很多曲面,从形态上来看与标准结构不同,也是属于 4 边结构,只是 4 个边的状态比较特殊,具体分类如下。

(1)3 边曲面。

3 边曲面也遵循 4 边曲面的构造,显示其 CV 点,如图 3-25 所示。可以看出曲面具有两个走向,只是其中一个走向的线在一端汇聚为一点(称为奇点),也就是一个边的长度

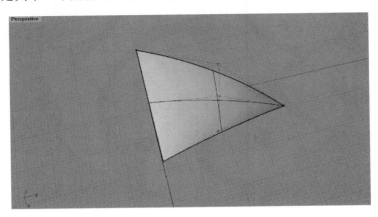

图　3-25

为 0。虽然 3 边曲面也可以看作属于 4 边曲面,但是在构建曲面的时候,应尽量避免 3 边曲面,也就是尽量不要构建有奇点的曲面(不包括用旋转命令形成的带有奇点的曲面)。

(2)周期曲面。

对于有一个方向闭合的曲面,看似不属于 4 边结构,在使用【显示边缘】工具 🔁 查看其边缘时,可以看出在曲面侧面有接缝,如图 3-26 所示。这就是曲面的另外两边,只是两个边缘重合在一起了。

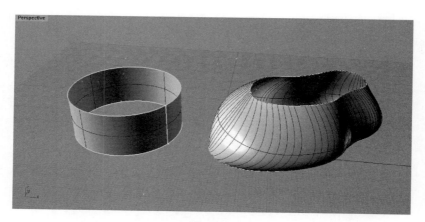

图　3-26

(3)球形曲面。

球形类的曲面也同周期曲线一样,如图 3-27 所示,在显示器边缘后,可以看到不但有两个边缘重合,另外两个边缘也分别汇聚成为奇点。

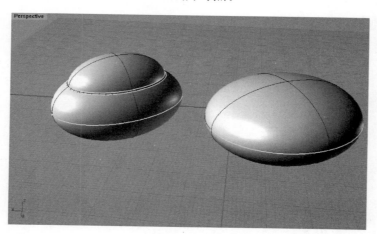

图　3-27

(4)其他形态的曲面。

还有一些曲面从外观上看,并不能分析出其 4 个边,如图 3-28 所示。其实这仍是 4

边曲面,只是该曲面执行了【修剪】命令 🔧,其边缘所在的曲面被修剪掉了。选择显示曲面的 CV 点后,其 CV 点还是以 4 边结构排列。

在 Rhino 中,对曲面的修剪并不是真的将曲面删除,而是将其进行了隐藏,右击 🔧 按钮(执行【取消修剪】命令),将曲面取消修剪,可以看到该曲面未被剪切的状态,如图 3-28右图所示。

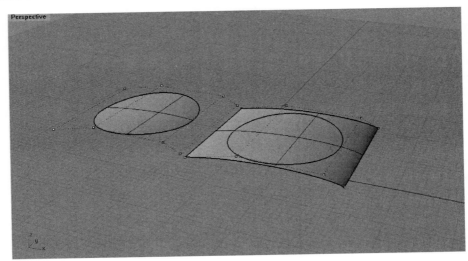

图　3-28

2. 曲面的构成元素

曲面可以看作是由一系列的曲线沿一定的走向排列而成的。在 Rhino 中构建曲面时,需要首先了解曲面的结构组成。图 3-29 所示为曲面构成示意图。

(1)曲面的 UVN 方向。

NURBS 使用 UV 坐标来定义曲面,可以想象为平面坐标系的 xyz 轴,是曲面上一系列的纵向和横向上的点;N 则是曲面上某一点的法线方向。

可以单击【分析方向】按钮 ▦ 查看曲面的 UVN 方向,如图 3-29 所示,红色箭头代表U 方向,绿色箭头代表 V 向,白色箭头代表法线方向。

可以将 U,V 和法线方向假想为曲面的 x,y 轴和 z 轴。

(2)结构线。

结构线是曲面上一条特定的 U 或 V 曲线。如图 3-29 所示,结构线是曲面上纵横交错的线,Rhino 利用结构线和曲面边缘来可视化 NURBS 曲面的形状。在默认值中,结构线显示在节点位置。

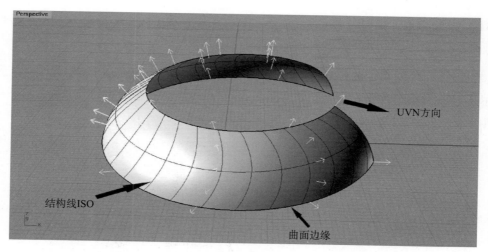

图 3-29

　　结构线又称等参线,英文名是 isoparametric,缩写为 ISO。在本书后面叙述中将直接简述为 ISO。

　　用户可以通过结构线来判定曲面的质量,结构线分布均匀、简洁的曲面比结构线密集、分布不均匀的曲面质量要好。

　　(3)曲面边缘。

　　曲面边缘(Edgs)是指曲面最边界的一条 U 或 V 曲线。在构建曲面时,可以选取曲面的边缘来建立曲面间的连续性。

　　将多个曲面结合时,若一个曲面的边缘没有与其他曲面的边缘相接,这样的边缘成为外露边缘。

　　3. 曲面的连续性

　　曲面的连续性的定义和曲线间的连续性定义相似,是用来描述曲面间的光顺程度。在 Rhino 中使用较多的是 G0～G2 的连续性,Rhino 也提供了曲面间的 G3、G4 连续。如图 3-44 所示,【混接曲面】工具 的命令栏中提供了 G3、G4 连续。

　　可以建立曲面连续性的工具与曲面间连续性的检测工具参见 4.2.4 小节的内容。

3.2.2 曲面的创建工具

Rhino 提供的曲面创建工具完全可以满足各种曲面建模的需求,对于同一个曲面造型,通常有多种创建方法。选择什么样的方式来构建曲面,可以根据用户的个人习惯与经验。一般来说,对于同一个曲面造型,可以将多种方式生成的曲面进行比较,选择使用能构建最简洁曲面的方式来完成创建。具体构建曲面的方式如下。

1. 指定三或四个角建立曲面

【指定三或四个角建立曲面】工具 是通过鼠标指定 3 个或 4 个点来创建平面,该命令操作简单,但是使用概率很小,图 3-30 所示为指定 4 个点创建的平面。

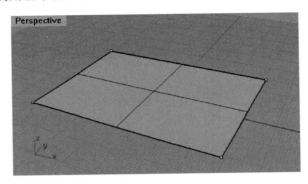

图　3-30

2. 以二、三或四个边缘曲线建立曲面

【以二、三或四个边缘曲线建立曲面】工具 可以使用 2～4 条曲线或曲面边缘来建立曲面。图 3-31 所示为使用 4 条首尾相接的曲线创建的曲面。使用 2～3 条曲线建立曲面会产生奇点,应尽量避免这种情况的出现。

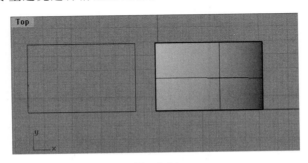

图　3-31

即使曲线端点不相接,也可以使用该命令形成曲面,但是这时生产的曲面边缘会与原始曲线偏差。该命令只能达到 G0 连续,形成的曲面优点是曲面结构简洁,通常使用该命令来建立大块简单的曲面。

3. 矩形平面

【矩形平面:角对角】工具 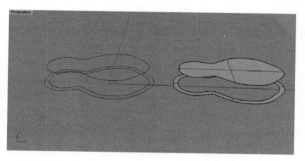 通过指定平面的角点来创建矩形平面,该命令的使用方式很简单,这里就不做解释了。

4. 以平面曲线建立曲面

【以平面曲线建立曲面】工具 可以将一个或多个同一平面内的闭合曲线创建为平面,并且创建的面是修剪曲面。图 3-32 所示为以平面曲线建立的曲面。

图   3-32

注意:使用该命令的前提是必须是闭合的并且是同一平面内的曲线,当选取开放或空间曲线来执行此命令时,命令栏会提示创建曲面出错的原因,如图 3-33 所示。

选取要建立曲面的平面曲线,按Enter键完成;未建立任何曲面,曲线必须是封闭的平面曲线

图   3-33

5. 挤出曲线建立曲面

Rhino 提供了多种挤出曲线创建曲面的工具。单击工具箱中的 按钮数秒后即可弹出如图 3-34 左图所示的【挤出】工具组;或选择【曲面】|【挤出曲线】命令,即可显示其下的工具组,如图 3-34 右图所示。

直线 (S)
沿着曲线 (C)
至点 (P)
锥状 (T)
彩带 (R)
往曲面法线 (N)

图   3-34

图 3-35 所示为利用【挤出】工具组中的各个工具挤出的曲面效果。

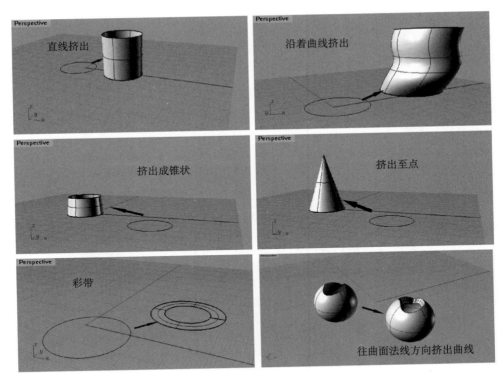

图　3-35

【挤出曲线】命令在模拟曲面表面的分模线时用得比较多,先创建一个挤出曲面,修剪曲面,然后在两个曲面之间生成圆角。

6. 放样

【放样】命令是通过空间上同一走向的一系列曲线来建立曲面。

用于放样的曲线必须满足以下条件。

(1)曲线必须同为开放曲线或闭合曲线(点对象既可以认为是开放的也可以认为是闭合的)。

(2)曲线之间最好不要交错。

在使用【放样】命令时,所基于的曲线最好阶数、CV 点数目都相同,并且 CV 点的分布相似,这样得到的曲面结构线最简洁。在绘制曲线时,可以先绘制出一条曲线,其余曲线可通过复制、调整 CV 点得到。在使用【放样】命令时,会弹出如图 3-36 所示的【放样选项】对话框。

下面介绍【放样选项】对话框中比较重要的选项的作用。

(1)【造型】下拉列表。用来设置曲面节点和控制点的结构。

【标准】:系统默认为该选项。

【松弛】:放样曲面的控制点会放置于断面曲线的控制点上,该选项可以生产比较平滑的放样曲面,但放样曲面并不会通过所有的断面曲线。

【紧绷】:和【标准】选项产生的效果相似,但是曲面更逼近曲线。

【平直区段】:在每个断面曲线之间生产平直的曲面。

(2)【封闭放样】复选框。

选中该复选框后,可以得到封闭的曲面,效果如图3-37所示。这个选项必须要有 3 条或 3 条以上的放样曲线才可以使用。

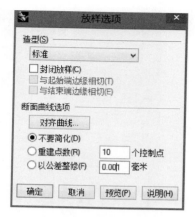

图   3-36

(3)【与起始端边缘相切】和【与结束端边缘相切】复选框。

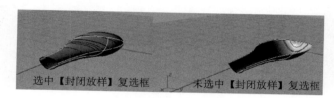

图   3-37

在使用曲面边缘来建立放样曲面时,最多能与其他曲面建立 G0 连续。选中该选项后,可获取 G0 连续。

(4) 对齐曲线 按钮。

在选取曲线时,选取曲线的顺序与单击点的位置会影响生产曲面的形态,最好选取同一侧的曲线,这样生成的曲面不会发生扭曲。当生成的曲面产生扭曲时,可以选择该命令以选取相应的断面曲线的端点进行反转。图 3-38 左图所示为正确的选取顺序与单击点位置生成的曲面效果;图 3-38 右图所示为当曲面发生扭曲时,使用"对齐曲线"按钮反转端点纠正曲面扭曲的过程。

7. 单轨扫掠

【单轨扫掠】命令 形成曲面的方式为:一系列的断面曲线(cross-section)沿着路径曲线(rail curve)扫描形成曲面。该命令的使用方法很简单,但不能与其他曲面建立连续性。图 3-39 所示为单轨扫掠生成曲面的效果。使用单轨扫掠的曲线需要满足以下条件。

(1)断面曲线和路径曲线在空间位置上交错,但断面曲线之间不能交错。

(2)断面曲线的数量没有限制。

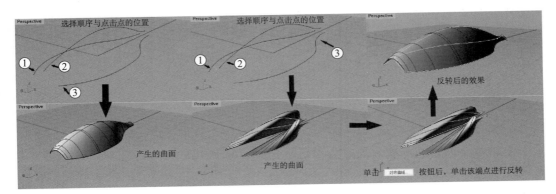

图　3-38

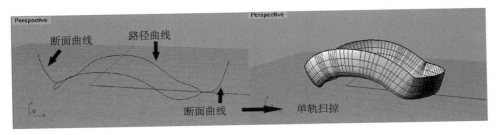

图　3-39

（3）路径曲线只能有 1 条。

8．双轨扫掠

【双轨扫掠】命令![icon]形成曲面的方法同【单轨扫掠】命令相似，只是路径曲线有两条，所以【双轨扫掠】命令比【单轨扫掠】命令可以更多地控制生成的曲面的形态。图 3-40 所示为双轨扫掠生成曲面的效果。

在使用【双轨扫掠】命令时，会弹出如图 3-41 所示的【双轨扫掠选项】对话框。

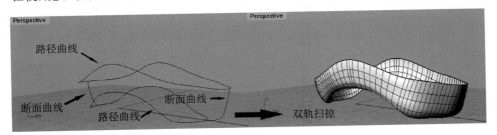

图　3-40

下面介绍【双轨扫掠选项】对话框中比较重要的选项。

（1）【维持第一个断面的形状】|【维持最后一个断面的形状】：当选取曲面边缘作为路径使用时，这两个选项才有效。当选取曲面边缘作为路径时可以在曲面间建立连续性，

49

断面曲线会产生一定的形变来满足连续性的要求。这时可以选中该复选框来强制末端断面曲线不产生变形。

（2）【保持高度】：在默认情况下，断面曲线会随着路径曲线进行缩放。选中该复选框可以限制断面曲线的高度保持不变。

（3）【路径曲线选项】：当选取曲面边缘作为路径使用时，该选项才有效。选择相应选项来建立需要的连续性。

（4）【最简扫掠】：当满足要求时该选项可用，可以生成简洁的曲面。

（5）【加入控制断面】：可以额外加入断面来控制 ISO 的分布与走向。

9. 旋转成形

【旋转成形】命令 形成曲面的方式为：曲线绕着旋转轴旋转生成曲面。【沿路径旋转】命令是在【旋转成形】命令的基础上加了一个旋转路径的限制。图 3-42 所示为沿路径旋转成面的效果。

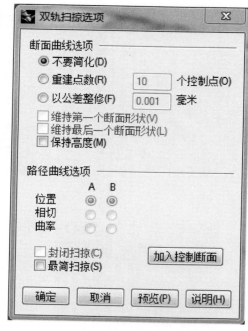

图 3-41

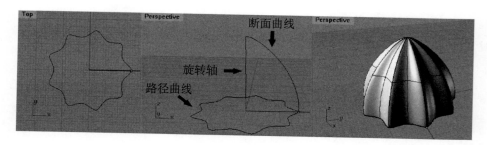

图 3-42

10. 以网线建立曲面

【以网线建立曲面】命令 形成曲面的条件为：所有在同一方向的曲线必须和另一方向上所有的曲线交错，不能和同一方向的曲线交错。两个方向的曲线数目没有限制。图 3-43 所示为【以网线建立曲面】命令的选项对话框。

图 3-44 所示为使用【以网线建立曲面】命令生成的曲面。使用默认的公差形成的曲面产生的 ISO 较密，但是曲面边缘与内部曲线更逼近原始曲线，可以调大公差值来

简化 ISO,但是曲面边缘及内部曲线与原始曲线会存在一定的
误差。

图　3-43

【以网线建立曲面】命令的功能非常强大,在曲面 4 个边缘
都可以获得 G2 连续。当选取曲面边缘来创建曲面时,公差值
最好保持为默认。否则生成的曲面边缘会变形过大,即使在所
有边缘都设置为 G2 连续,生成的网线曲面和原始曲面之间也
会存在缝隙。图 3-45 所示为利用曲面边缘和曲线生成的
曲面。

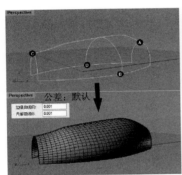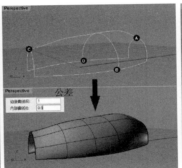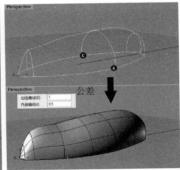

图　3-44

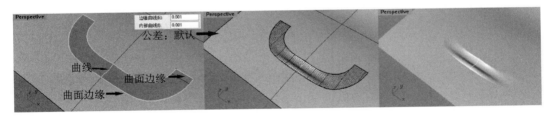

图　3-45

11. 嵌面

【嵌面】命令通常用来补面,可以利用曲面边缘来补洞,如图 3-46 所示。

图　3-46

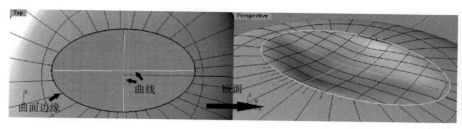

图　3-47

用户还可以利用曲面边缘、曲线和点来限定嵌面的形态。如图 3-47 所示为曲面边缘和曲线生成的嵌面曲面。

在使用【嵌面】命令时，会弹出如图 3-48 所示的【嵌面曲面选项】对话框。

下面介绍该对话框中比较重要的选项。

【曲面的 U/V 方向跨距数】：设置生成的曲面 U/V 方向的跨距数。数值越大，生成的曲面的 ISO 越密，与原始曲线的形态越逼近。

【硬度】：设置的数值越大，曲面"越硬"，得到的曲面越接近平面。

【调整切线】：如果选取的是曲面边缘，生成的嵌面曲面会与原始曲面相切。

【自动修剪】：当在封闭的曲面边缘间生成嵌面曲面时，会利用曲面边缘修剪生成的嵌面曲面。

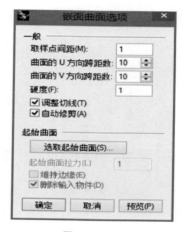

图　3-48

3.2.3　曲面的编辑工具

Rhino 提供了丰富的曲面编辑工具以满足不同曲面造型的需求。对于曲面可以进行剪切、分割、组合、混接、圆角、衔接、合并等操作，还可以对曲面边缘进行切割和合并。下面介绍较为常用的曲面编辑工具。

1. 混接曲面

【混接曲面】命令 用来在两个曲面边缘不相接的曲面之间生成新的混接曲面，形成混接曲面可以以指定的连续性与原曲面衔接，该命令使用非常频繁。图 3-49 所示为在两个曲面边缘间生成 G2 连续的混接曲面。

【双轨扫掠】、【以网线建立曲面】命令最多只能达到 G2 连续，而【混接曲面】命令可以达到 G3、G4 连续。

图　3-49

在 Rhino 5.0 版本以后，blend 工具的【调整曲面混接】中才提供了 G3、G4 连续的选项。Rhino 2.0、Rhino 3.0、Rhino 4.0 中最多只能达到 G2 连续。

单击按钮，选择要混接的两条曲面边缘，可以对混接曲面的曲线接缝进行调整。一般来说，对称的对象最好将曲线接缝放置在物体的中轴处，以便获得更整齐的 ISO。

在调整完曲线接缝后，右击，命令栏会出现如图 3-50 所示状态，并弹出如图 3-51 所示的【调整混接转折】对话框。

选取要调整的控制点。按住 ALT 键并移动控制杆调整边缘处的角度。按住 SHIFT 做对称调整。（平面断面(P)=否　加入断面(A)　连续性1(C)=G2　连续性2(D)=G2）

图 3-50

【平面断面】或【加入断面】选项：当生成的 ISO 过于扭曲时，可以在命令栏中单击【平面断面】或【加入断面】选项来修正 ISO。

【连续性 1】|【连续性 2】选项：单击该选项，可以为混接曲面的相应衔接端指定 G0～G4 的连续性。

【相同高度】：默认情况下，混接曲面的断面曲线会随着两个曲面边缘之间的距离进行缩放。选中该复选框可以限制断面曲线的高度不变。

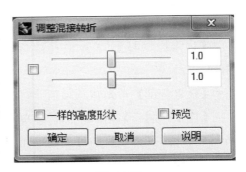

图　3-51

此时，用户可以手动调整混接曲面的 CV 点来改变形态，也可以在【调整混接转折】对话框中通过拖动滑块来调整形态。

在选择要调整的 CV 点之前按住 Shift 键，可以对 CV 点做对称调整。也可以在选择要调整的 CV 点之前按住 Alt 键，可通过手动方式调整混接控制杆的角度。

【不等距曲面混接】命令 可以在两个曲面边缘相接的曲面间生成半径不等的混接曲面。和【混接曲面】命令不同的是，【不等距曲面混接】命令只能生成 G2 连续的曲面。图 3-52 所示为不等距曲面的混接效果。右击 按钮，可以先在命令栏中设置要混接的半径大小，然后选择要混接的两个曲面，此时的命令栏状态如图 3-53 所示。

图 3-52

选取要编辑的混接控制杆（ 新增控制杆(A) 复制控制杆(C) 设置全部(S) 连结控制杆(L)=否 路径造型(R)=滚球 修剪并组合(T)=否 预览(P) ）：

图 3-53

【新增控制杆】：单击该选项后，可在视图中需要变化的位置单击增加控制杆。

【复制控制杆】：单击该选项后，可在视图中单击已有的控制杆，然后指定新的位置复制控制杆。

【移除控制杆】：单击该选项后，可在视图中单击已有的控制杆，删除该处的控制杆。

【设置全部】：单击该选项后，可以统一设置所有控制杆的半径大小。

【连接控制杆】：默认为"否"。单击该选项，使其变为"是"，这样在调整任意一个控制杆的半径时，其他的控制杆也会以相同的比例进行调整。

【路径造型】：单击该选项后：命令栏如图 3-54 所示，其下有 3 个选项可以选择。图 3-55 左图所示为 3 个选项的示意图。如图 3-55 右图所示，在视图中单击控制杆的不同控制点，可以分别设定控制杆的半径大小与位置。

路径造型〈滚球〉（ 与边缘距离(D) 滚球(R) 路径间距(I) ）：

图 3-54

【修剪并组合】：当选"是"时，在完成混接曲面后修剪原有的两个曲面，并将曲面组合为一体。

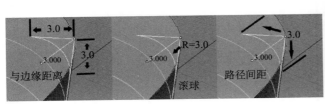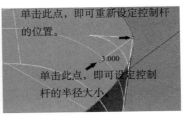

图　3-55

2．延伸曲面

【延伸曲面】命令![icon]可以以指定的方式延伸未修剪的曲面边缘。延伸方式有直线和平滑两种。单击![icon]按钮，执行的是【延伸已修剪曲面】命令，可以延伸已修剪的曲面。图3-56所示为平滑延伸已修剪曲面的效果。

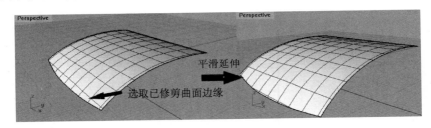

图　3-56

3．曲面圆角

在产品建模过程中需要对产品的锐角进行圆角处理，这时可以利用【曲面圆角】工具![icon]。

【曲面圆角】工具![icon]在两个曲面边缘相接的曲面间生成圆角曲面。

圆角曲面与原来两个曲面之间连续性为G1。要获得不等半径的圆角曲面，可以使用【不等距曲面圆角】工具![icon]。使用方式和命令栏选项与【不等距曲面混接】工具相似，具体选项解释参见本节中"混接曲面"的相关内容。

4．偏移曲面

【偏移曲面】命令![icon]以指定的间距偏移曲面。图3-57所示为曲面偏移的效果。

单击![icon]按钮，选择要偏移的曲面或多重曲面，再右击，此时的命令栏状态如图3-58所示。

【选取要反转方向的物体】：在视图中曲面会显示法线方向，默认情况下，会向法线方向进行偏移。在视图中单击对象，可以反转偏移的方向。

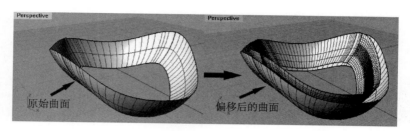

图 3-57

偏移距离 <1.000>（全部反转(F) 实体(S) 松弛(L) 公差(T)=0.001 两侧(B)）:

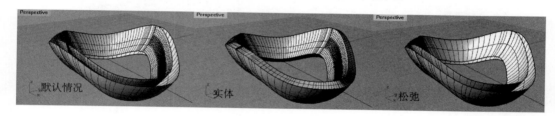

图 3-58

【距离】:单击该选项,在命令栏中输入数值以改变偏移距离的大小。

【实体】:以原来的曲面和偏移后的曲面边缘放样并组合成封闭的实体,如图 3-59 所示。

【松弛】:单击该选项,偏移后的曲面与原曲面 ISO 分布相同。

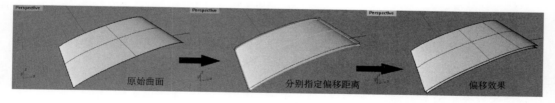

图 3-59

【两侧】:会同时向两个方向偏移曲面。

【不等距偏移曲面】工具以不同的间距偏移曲面,如图 3-60 所示。

图 3-60

单击按钮,选择要偏移的曲面或多重曲面后,右击,此时的命令栏状态如图 3-61 所示。

选取要移动的点（公差(T)=0.01 反转(F) 设置全部(S)=1 连结控制杆(L) 新增控制杆(A) 边相切(I)）:

图 3-61

前面的几个选项与【不等距混接】命令的选项相似,读者可参照【不等距混接】中的相关选项进行学习。

【边相切】:维持偏移曲面边缘的相切方向和原来的曲面相同。

5. 衔接曲面

【衔接曲面】命令 可以使调整选取的曲面的边缘和其他曲面形成 G0~G2 连续。注意,只有未修剪过的曲面边缘才能与其他曲面进行衔接,目标曲面则没有修剪的限定。

指定要衔接的曲面边缘与目标曲面边缘后,弹出如图 3-62 所示的【衔接曲面】对话框。

下面介绍该对话框中比较重要的选项。

【连续性】选项组:指定两个曲面之间的连续性。对应 G0~G2 连续性。

【互相衔接】:选中此复选框,两个曲面均会调整 CV 点的位置来达到指定的连续性。

【精确衔接】:若衔接后两个曲面边缘的误差大于文件的绝对公差,会在曲面上增加 ISO,使两个曲面边缘的误差小于文件的绝对公差。

【以最接近点衔接边缘】:选中此复选框,要衔接的曲面边缘的每个 CV 点会与目标曲面边缘的最近点进行衔接。未选中该复选框,则两个曲面边缘的两端都会对齐,效果如图 3-63 所示。

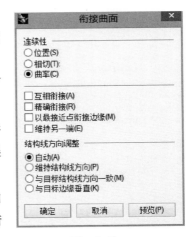

图 3-62

【结构线方向调整】选项组:设置要衔接的曲面的结构线方向。

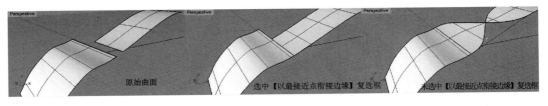

图 3-63

6. 合并曲面

【合并曲面】命令 可以将两个未修剪的并且边缘重合的曲面合并为一个单一曲面。单击 按钮,此时的命令栏状态如图 3-64 所示。

下面介绍其中比较重要的选项。

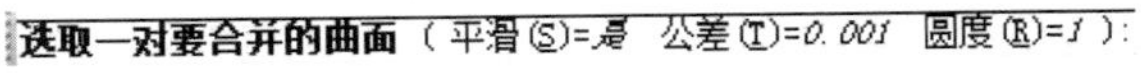

【平滑】:默认为"是",两个曲面以

选取一对要合并的曲面 (平滑(S)=是 公差(T)=0.001 圆度(R)=1):

图 3-64

光滑方式合并为一个曲面。当设置为"否"时,两个曲面均保持原有状态不变,合并后的曲面在缝合处的 CV 点为锐角点。注意观察曲面合并处的 ISO,当调整合并处的 CV 点时,【平滑】设置为"否"的曲面在此处会变得尖锐。

【圆度】:指定合并的圆滑度,数值为"0~1"。"0"相当于【平滑】为"否"。图 3-65 所示为不同圆度的合并效果。

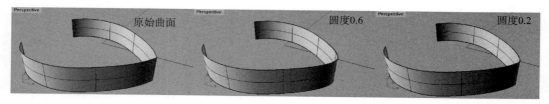

图　3-65

7. 缩回已修剪曲面

当曲面被修剪以后,还会保持原有的 CV 点结构,【缩回已修剪曲面】命令 ⊞ 可以使原始曲面的边缘缩回到曲面的修剪边缘附近。图 3-66 所示为缩回已修剪的曲面效果。

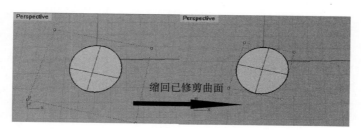

图　3-66

<h2>3.2.4　曲面的检测与分析</h2>

在建模过程中通常会需要对曲面进行分析,Rhino 提供了相应的曲面检测与分析工具。

1. 检测曲面间的连续性

检测两个曲面之间的连续性,可以使用【斑马纹分析】工具 ▱。

两个曲面边缘重合,斑马纹在两个曲面相接处断开。这表示在两曲面之间为位置连续(G0)。

如果斑马纹在曲面和另一个曲面的接合处对齐,但在接合处突然转向,这表示两曲面为相切连续(G1)。

如果斑马纹在接合处平顺地对齐且连续,这表示两曲面为曲率连续(G2)。

在使用【斑马纹分析】工具时，曲面的显示精度会影响斑马纹的显示，将曲面的显示精度提高可以更为准确地分析结果。

2. 分析曲面边缘

曲面边缘可以用来获取曲面的连续性，在使用【混接曲面】、【双轨扫掠】等工具时，通常会发现曲面边缘断开，这时可以单击

图 3-67

![]|【显示边缘】按钮![]来查看边缘状态。在单击【显示边缘】按钮![]时，会弹出如图 3-67 所示的【边缘分析】对话框。下面介绍其中比较重要的两个选项。

【全部边缘】：选中此单选按钮，会显示所有的曲面边缘。

【外露边缘】：曲面中没有与其他曲面的边缘相接（需要先将多个曲面组合）的边缘称为外露边缘。选中此单选按钮，仅显示外露边缘。

在使用布尔运算类工具时，常会遇见运算失败的情况，通常是因为两个曲面在要作布尔运算的部位的交线不闭合，系统无法定义剪切区域造成的。这时可以利用【显示边缘】工具![]来查看曲面在相交区域是否存在外露边缘。

【放大】：当选中【外露边缘】单选按钮时，该按钮才可用。有时曲面的外露边缘非常小，不容易观察，可以单击此按钮放大显示外露边缘。此时命令栏状态如图 3-68 所示，可以在命令栏中单击【下一个】或【上一个】选项来逐个查看放大状态的外露边缘。

全部外露边缘。按 Enter 结束。（全部(A) 目前的(C) 下一个(N) 上一个(P) 标示(M)）:

图 3-68

在利用曲面边缘获得连续性时，可能只需使用某个曲面边缘的一部分，这时可以利用![]|![]|【分割】工具![]在需要的位置分割边缘。单击![]按钮，执行【合并边缘】命令，可以将分割后的边缘进行合并。

小贴士

曲面边缘可以根据需要分割（合并），但是曲线在修剪（分割）以后就不能再回到修剪（分割）前的状态。若后面还需要再使用完整的曲线，最好在修剪（分割）此曲线前复制一份曲线。

第4章

基本建模技术——打火机

学 习 目 标

本章将介绍一个简单实例，要求学生掌握如下工具的使用：

1. 布尔运算工具；

2. 旋转成型工具；

3. 放样工具。

学习3D软件最好的方法就是多动手，在实践中会遇到许多问题，读者可在解决问题的过程中不断学习与进步。

本例通过介绍一个比较简单的打火机产品的建模流程,让读者了解 Rhino 软件的建模基本思路并熟悉软件界面。效果如图 4-1 所示。

图　4-1

操作步骤如下。

(1)运行 Rhino 后最大化前视图,单击工具箱中的 工具,在命令行中输入 0,0 回车后,在命令行中输入 r6,8 右击建立一个矩形,右击工具箱中的 按钮,在弹出的扩展工具栏中单击 工具,选择两个与圆相切的边后建立两个与矩形相切的圆,如图 4-2 所示。

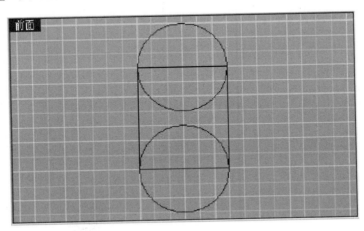

图　4-2

(2)单击工具箱中的 工具,在视图中选中两个圆和矩形,右击后减去多余的线。使用工具箱中的 工具连接各线段,完成一个轮廓,如图 4-3 所示。

(3)右击工具箱中的 按钮,在扩展工具中单击 按钮,在视图中选中轮廓后在命

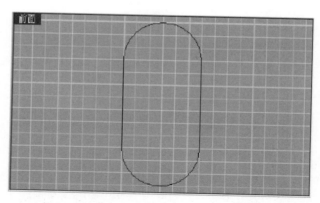

图　4-3

令行中输入 1,回车完成另一个轮廓。选中小轮廓在顶视图中向上方移动 38 个单位。

(4)右击工具箱中的 按钮,在扩展工具栏中单击 工具,选中两个轮廓后右击,再次右击在弹出的窗口中保持默认值,单击 OK 按钮放样出打火机的机身。

(5)右击工具箱中的 按钮,在扩展工具栏中单击 工具,在视图中选中打火机的机身后右击将机身封闭。

(6)对机身进行倒角,选择【实体】|【倒角】命令,在视图中选取两个边,在命令行中输入 0.2 回车完成倒角,结果如图 4-4 所示。

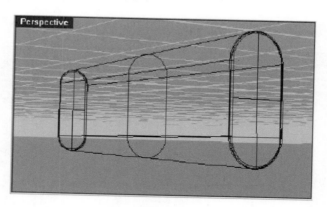

图　4-4

(7)在视图中选中前面制作的轮廓,右击工具箱中的 按钮,在扩展工具栏中单击 工具,在命令行中输入-2,右击完成拉伸,将拉伸后的造型进行倒角,继续选中轮廓,使用 工具,在视图中选中轮廓后在命令行中输入 0.3。按下回车键,再次输入 0.3 后按回车键,完成两个轮廓,删除最大的轮廓,在图 4-5 所示位置建立两条直线和一个圆,使用 工具除去多余的线,并使用 工具连接各线段,结果如图 4-6 所示。

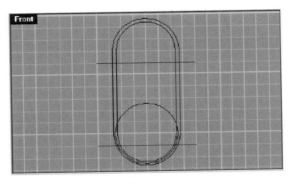

图　4-5

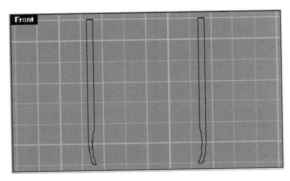

图　4-6

（8）使用 🗒️ 工具在视图中选中两个轮廓，在命令行中输入－4，进行拉伸。在右视图中建立一个长方体，在前视图中建立一个半径为0.2的圆柱体。放置到图4-7所示位置，选中两个拉伸后的造型，右击工具箱中的 ⚙️ 按钮，在扩展工具栏中单击 ◐ 工具，在视图中选取长方体和圆柱体，右击剪切。

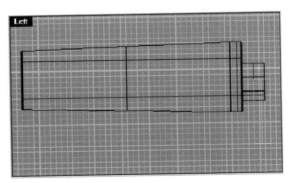

图　4-7

（9）在顶视图中建立半径为2，高度为1的圆柱体，再建立一个高度为1的长方体，放置到如图 4-8 所示位置，使用工具箱中的 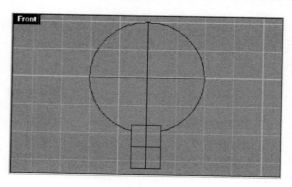 工具将圆柱体和长方体连接成一体。

图 4-8

（10）使用 工具，在状态栏中激活【锁定格点】按钮，在视图中建立如图 4-9 所示的曲线，再建立一条直线，将直线与曲线连接到一起，使用缩放工具将它缩小一些。使用工具箱中的 工具拉伸 2 个单位，将拉伸后的造型放到如图 4-10 所示的位置，选取长方形与圆柱的连接体，减去造型。

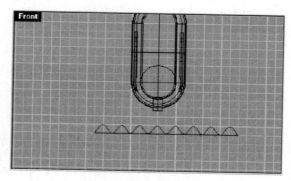

图 4-9

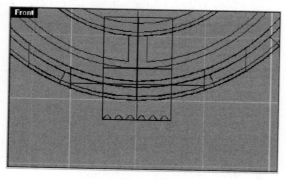

图 4-10

(11)在右视图中建立一条如图 4-11 所示线段,右击工具箱中的 按钮,在扩展工具栏中单击 工具,旋转出造型,放置到如图 4-12 所示的位置。

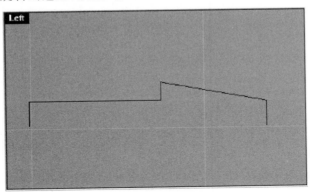

图 4-11

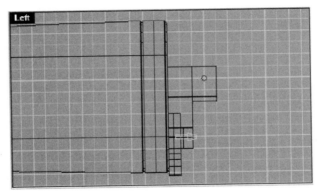

图 4-12

(12)在前视图中建立如图 4-13 所示的轮廓,使用 工具将轮廓拉伸 0.5 个单位,并在右视图中旋转一些角度,放置到如图 4-14 所示的位置。

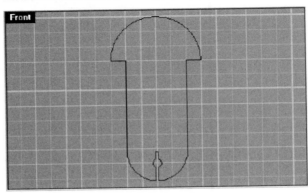

图 4-13

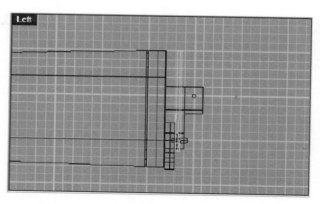

图　4-14

（13）在右视图中建立半径为 2 的圆，使用 工具建立如图 4-15 所示的 3 个相切的圆，使用 工具得到一条如图 4-16 所示的曲线。

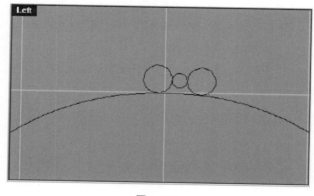

图　4-15

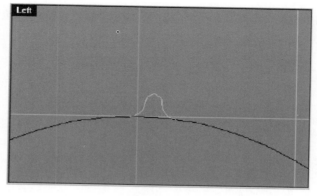

图　4-16

（14）选中曲线，选择【变动】|【整列】|【沿曲线】命令，在视图中选取圆，在出现的对话框中将物体数量设置为 46，单击【确定】按钮退出窗口。删除圆后连接所有阵列的曲线。

(15)单击 ⬚ 工具,在命令行中输入 0.3 得到一个轮廓。选取外面的轮廓,选择【曲面】|【挤出曲线】|【直线】命令。在命令行中输入 C,回车确认后输入 B,确认后输入 1,单击,拉伸出砂轮,并复制一个砂轮。同样将小轮廓拉伸 2.5 个单位。

(16)在顶视图中建立一个半径为 0.2,高度为 5.4 的圆柱,将砂轮和圆柱放置到如图 4-17 所示的位置,并将它们组合到一起。

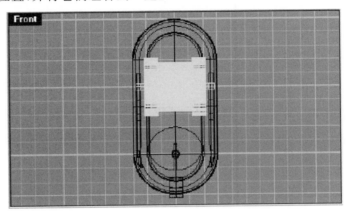

图　4-17

(17)制作打火机的防风罩,在前视图中建立如图 4-18 所示的轮廓并拉伸 5 个单位。

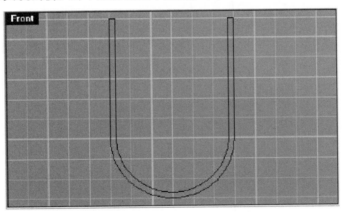

图　4-18

(18)建立如图 4-19 所示的轮廓,将轮廓拉伸 0.3 个单位。使用 ⬚ 工具将两个拉伸后的造型进行组合,在如图 4-20 所示的位置建立一个长方体,将组合后的造型减去长方体,这样打火机的模型就完成了。

(19)建立灯光,在前视图中分别建立一盏聚光灯和点光,放置到如图 4-21 所示的位置。

(20)设置打火机各部分的材质。选中打火机的机身,按 F3 键进入物体属性窗口,进

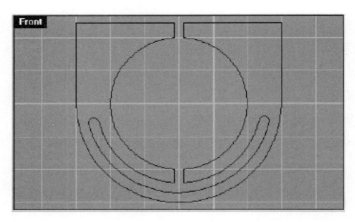

图 4-19

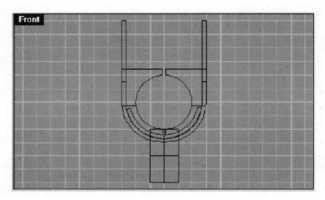

图 4-20

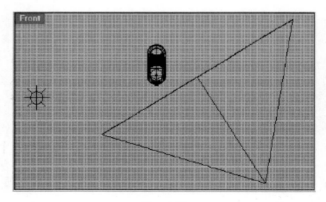

图 4-21

入【材质】项,选择【指定方式】|【基本】项。单击颜色框将颜色设置为 Violet,透明亮设为 50,单击【塑料】按钮,然后单击【确定】按钮关闭窗口。

(21)选中打火机的砂轮和防风罩,进入物体属性窗口,单击【金属】按钮,其余保持默认值。将中间的砂轮选取为 Dark Gray 颜色。打火机的其余部分选取为 Violet 颜色，单击【塑料】按钮，其余参数保持默认值。渲染视图得到的效果如图 4-22 所示。

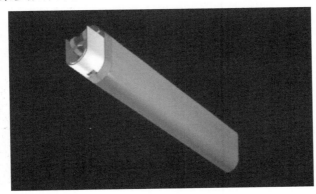

图　4-22

第 5 章

旋转 U 盘实例

学习目标

本章将介绍一个实例，要求学生掌握如下工具的使用：

1. 挤出（Extrude Straight）工具；

2. 分割(Split)工具；

3. 混接曲面（BlendSrf）工具。

本章介绍了一款U盘的制作流程，并在此过程中结合实例介绍挤出、分割、混接曲面等命令的使用方法。

在做 U 盘建模之前,要分析本款旋转 U 盘造型上的特点。本款 U 盘主要由两部分组成,主体形态较为简单。旋转部分有多种建模方式,用挤出工具时,要注意选择图形的先后顺序,最后就是两部分结合的结构制作。本例效果图如图 5-1 所示,模型结构如图 5-2 所示。

图 5-1

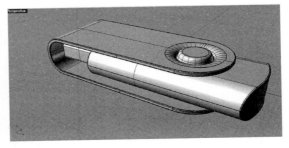

图 5-2

下面详细介绍本款产品的制作。

(1)运行 Rhino 后最大化前视图,单击工具箱中的矩形工具 ▢ ,从下拉工具中选择矩形中心点工具 ▢ ,建立一个矩形(图 5-3),在命令行中输入 0,0 后回车,在命令行中输入长度 55,右击确定。在命令行中输入宽度 19,右击确定得到矩形(图 5-4)。使用圆角矩形工具 ▢ ,在矩形右边建立一个矩形。先选择命令行的中心点,激活中心点命令后选择矩形右边中点,再在命令行中输入长度 19,确定后输入宽度 8,调节矩形圆角到最大,右击【确定】按钮得到矩形,如图 5-5 所示。

(2)单击工具箱中的直线挤出工具 ▢ ,在视图中选中右边矩形,右击【确定】按钮。在命令行中修改两侧选项为"否",加盖选项为"是",输入距离为 −55。完成主要形体创建,如图 5-6 所示。

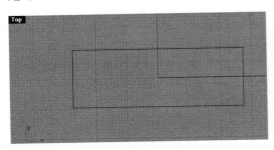

图 5-3

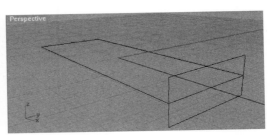

图 5-4

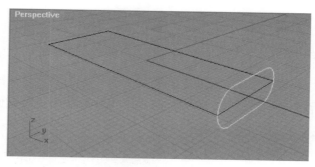

图　5-5

挤出距离 ⟨-55⟩ （方向（D）　两侧（B）=否　加盖（C）=是　删除输入物体（E）=否 ）:

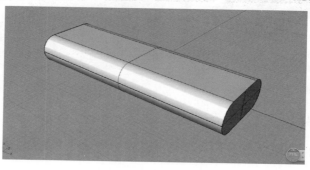

图　5-6

（3）单击工具箱中的控制点曲线工具 ，在形体右侧画线，开启控制点 调整节点，得到如图 5-7 所示的效果。

（4）单击工具箱中的直线挤出工具 ，在视图中选中右边曲线，右击【确定】按钮。在命令行中修改两侧选项为"是"。输入距离超出主体。完成主要形体创建，如图 5-8所示。

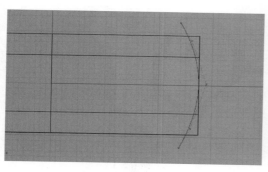

图　5-7

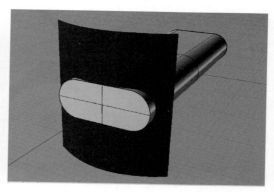

图　5-8

(5)右击工具箱中的布尔运算工具 ，在扩展工具栏中单击布尔运算差集工具 ，在视图中先选中 U 盘的主体后右击【确定】按钮,再选择要减去的面,然后右击【确定】按钮,完成主要形体创建,如图 5-9 所示。

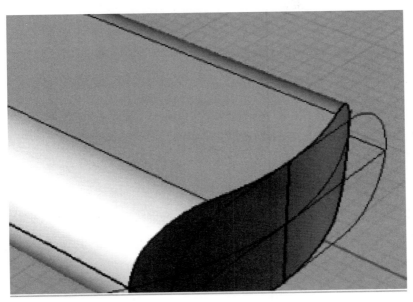

图　5-9

(6)创建 USB 接口,接口尺寸为 12×4.5×12(如图 5-10 所示),利用物件锁点,在主体左边绘制直线,单击移动工具 ,移动的起点选择直线端点确定后,按下 Shift 向右移动 13,如图 5-11 所示。

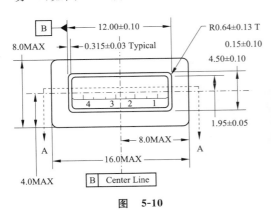

图　5-10

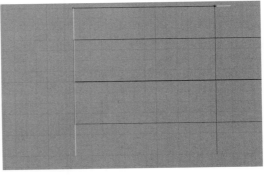

图　5-11

(7)单击直线挤出工具 ，在视图中选中右边曲线,右击确定。在命令行中修改两侧选项为"是"。输入距离超出主体。完成主要形体创建,如图 5-12 所示。

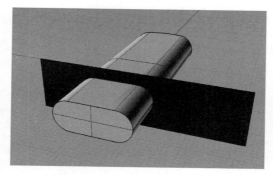

图　5-12

(8)单击布尔运算差集工具 ，在视图中先选中 U 盘的主体后右击确定，再选择要减去的面后右击确定，得到 U 盘主体。

(9)在左视图，在扩展工具栏中单击矩形中心点工具 ，在中心点绘制长 12，宽 4.5 的矩形，单击曲线圆角工具 ，选择 4 个角，输入 0.64，进行倒圆角。在扩展工具中单击偏移工具 ，在视图中选中轮廓后在命令行中输入 0.315，回车完成另一个轮廓，如图 5-13 所示。

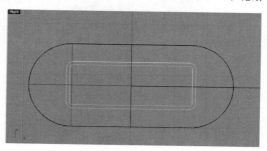

图　5-13

(10)单击直线挤出工具 ，在视图中选中两条曲线，右击确定。在命令行中修改两侧选项为"否"，加盖选项为"是"。输入距离为 12。完成主要形体创建，如图 5-14 所示。

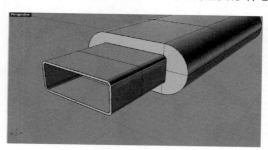

图　5-14

(11)在左视图，单击矩形工具 ，绘制矩形，如图 5-15 所示。

（12）单击直线挤出工具 ，在视图中选中两条曲线，右击确定。在命令行中修改两侧选项为"否"，加盖选项为"是"。输入距离为12。完成主要形体创建，如图5-16所示。

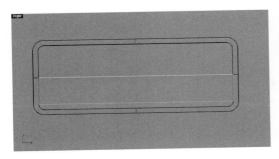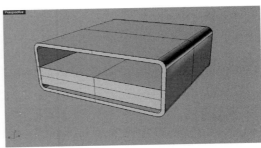

图 5-15　　　　　　　　　　　　图 5-16

（13）在顶视图，在扩展工具栏中单击中心点矩形工具 ，在中心点绘制长3，宽4的矩形，再单击复制工具 复制出一个矩形，如图5-17所示。

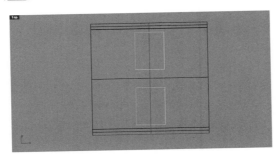

图 5-17

（14）单击工具箱中的 工具，在视图中选中两条曲线，右击确定。在命令行中修改两侧选项为"是"，加盖选项为"是"。输入距离超出主体。完成主要形体创建，如图5-18所示。

（15）单击布尔运算差集工具 ，在视图中先选中U盘的外框后右击确定，再选择要差集减去的体后右击确定，如图5-19所示。

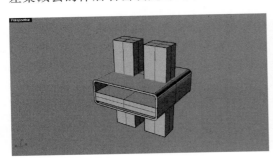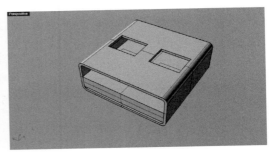

图 5-18　　　　　　　　　　　　图 5-19

（16）单击边缘圆角工具 ，输入半径为 0.1，选择布尔运算后的线，右击确定，得到倒圆角，如图 5-20 所示。

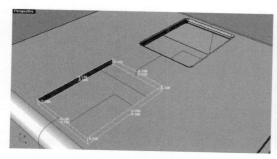
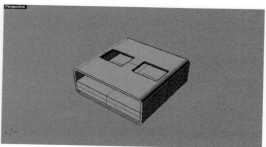

图　5-20

（17）在左视图，在扩展工具栏中单击矩形工具 ，绘制矩形。在扩展工具中单击偏移工具 ，在视图中选中轮廓后在命令行中输入 1，回车完成另一个轮廓。编辑节点 ，并修剪 ，单击 工具，选择 4 个角，内径输入 4，外径输入 5，进行倒圆角，如图 5-21 所示。

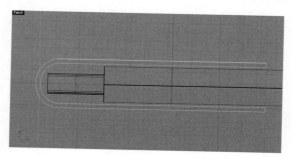

图　5-21

（18）单击直线挤出工具 ，在视图中选中两条曲线，右击确定。在命令行中修改两侧选项为"是"，加盖选项为"是"。输入距离为 9.5。完成主要形体创建，如图 5-22 所示。

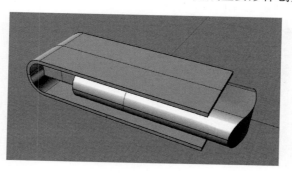

图　5-22

(19)单击边缘圆角工具 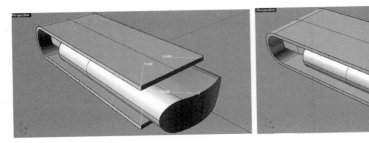，输入半径为 9.5，选择 4 个角的线，右击确定，得到倒圆角，如图 5-23 所示。

图　5-23

(20)在顶视图，在扩展工具栏中单击圆工具 ，输入半径为 5 绘制圆形，如图 5-24 所示。

(21)单击投影工具 ，选择圆形右击确定，再选择主体，如图 5-25 所示。单击 工具，选择主体右击确定，再选择圆形，使主体分割一个圆形的面。

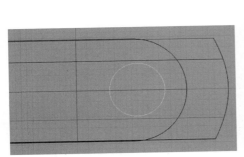

图　5-24

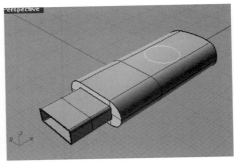

图　5-25

(22)单击缩放工具 ，选择分割的面右击确定，基点选择圆形中心点，第一参考点选择圆形四分点，第二参考点输入 3。选中分割的面，在前视图中向上方移动两个单位，如图 5-26 所示。

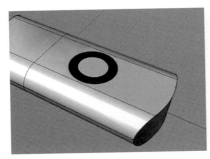

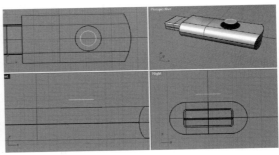

图　5-26

(23)单击混接曲面工具 🔧,选择主体面的两条边界线,右击确定,弹出调整混接转折菜单,设置其为 0,82,使主体与圆形面生成多一个面,如图 5-27 所示。

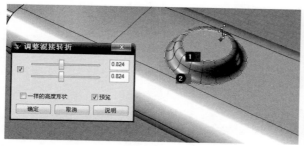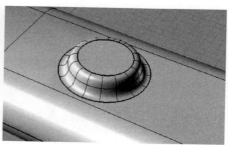

图 5-27

(24)使用 🗑,选择圆形,右击确定,再选择盖子。使用 🔳,选择投影到盖子上的面,右击确定,基点选择圆形中心点,第一参考点选择圆形四分点,第二参考点输入 7,如图 5-28 所示。

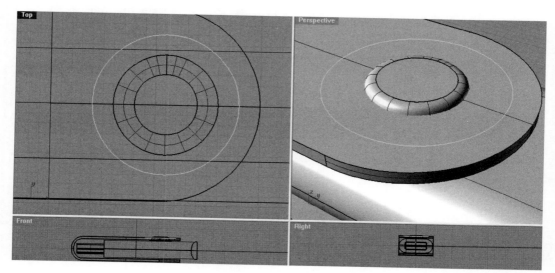

图 5-28

(25)单击分割工具 ⬜,选择盖子,右击确定,再选择圆形,使主体分割一个圆形的面,如图 5-29 所示。

(26)单击缩放工具 ⭕,选择投影到盖子上的线,右击确定,基点选择圆形中心点,第一参考点选择圆形四分点,第二参考点选择比下面交线大。单击分割工具 ⬜,选择盖子,右击确定,再选择里面的圆形,使主体分割一个圆形的面,如图 5-30 所示。

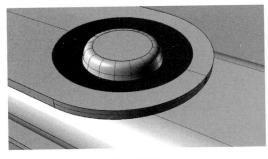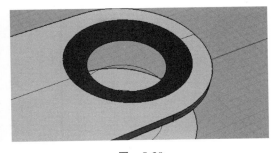

图　5-29　　　　　　　　　　　　　　图　5-30

(27)单击混接曲线工具 ，选择盖子的两条边界线，右击确定，弹出调整混接转折菜单，上面设置为最少 0，25，下面设置为 2，使主体与圆形面生成多一个面，如图 5-31 所示。

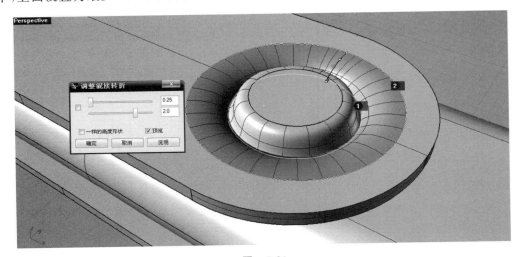

图　5-31

(28)在面生成后，如果是法线反了，可以右击分析方向工具 ，调整方向，如图 5-32 所示。

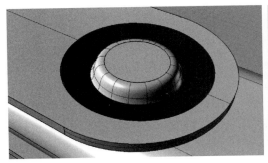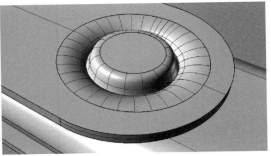

图　5-32

(29)把刚才制作的所有零部件显示出来,可以看到最终效果如图 5-33 所示。

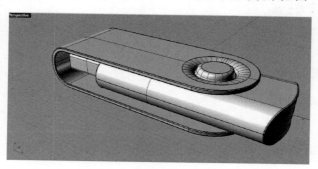

图　5-33

第6章

水壶实例

学习目标

本章将介绍一个简单实例，要求学生掌握如下工具的使用：

1. 旋转（revolve）工具；

2. 投影(project)工具；

3. 抽离线框（ExtractWireframe）工具；

4. 网格曲线建立曲面（NetworkSrf）工具。

　　本章将介绍一款市面上常见的电水壶的建模方法，其结构、造型如图 6-1 所示。通过本实例，读者可以学习旋转成型等命令的使用。本例中，曲面与实体间的转换思路提高了建模效率，也值得大家注意。

图　6-1

本实例的操作步骤如下。

（1）单击激活 Right 视图，并在该视图中绘制如图 6-2 所示的侧面轮廓线。

（2）使用旋转成型工具，建立电水壶的大体外形，如图 6-3 所示。

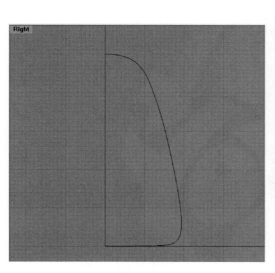

图　6-2

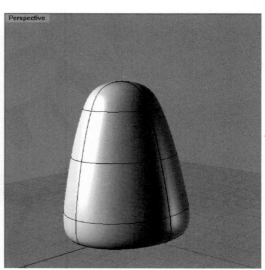

图　6-3

此时，可以看到在亮黄色位置的 ISO 结构线较其他位置粗，这条线就是 Rhino 自动定义的起始线 Seam。对于这个 Seam 经常要采用"回避"的方法对待，否则容易造成麻烦。

（3）制作壶柄结构。

继续在 Right 视图绘制如图 6-4 所示的轮廓线。注意，不要绘制在 Front 视图中，以回避 Seam 结构线。

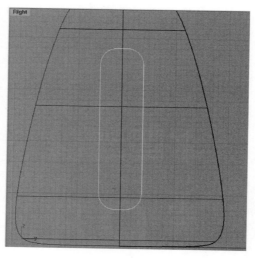

图　6-4

（4）使用 ⬛ 投影工具，把刚才绘制的曲线投影到壶体上。投影在壶体上后，会产生两条投影线。保留需要的一条，把另一条删除，如图 6-5 所示。

（5）使用修剪工具 ⬛ ，利用刚才的投影曲线剪开壶体，如图 6-6 所示。

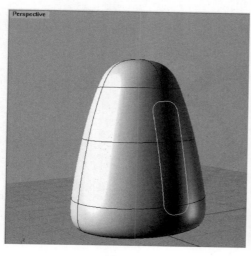

图　6-5

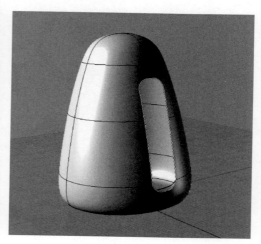

图　6-6

（6）使用抽离线框工具 ，单击壶体，提取出壶体的结构线，如图 6-7 所示。

（7）仅保留如图 6-8 所示的结构线，其余的删除。

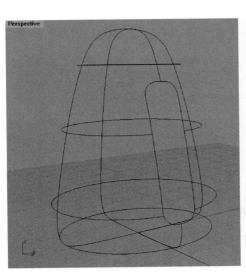
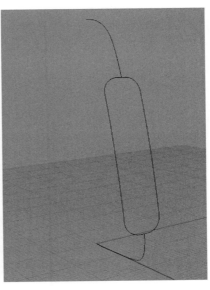

图　6-7　　　　　　　　　　　　　　图　6-8

（8）在 Front 视图中，绘制壶柄侧面曲线，如图 6-9 所示。

（9）使用混接曲线工具 ，把壶柄曲线与上下两端混接起来，并保持曲率连续性，如图 6-10 所示。

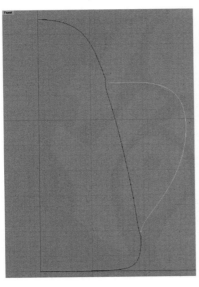
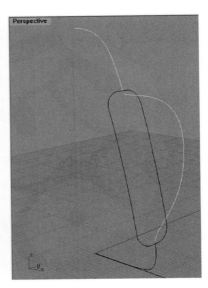

图　6-9　　　　　　　　　　　　　　图　6-10

（10）在图 6-11 中点附近，借助捕捉工具绘制一条水平直线。

（11）使用分割工具 ，对线框进行分割，成为上下两部分，如图 6-12 所示。

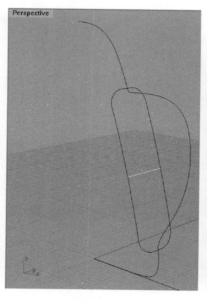

图　6-11

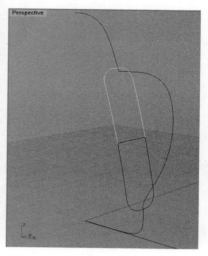

图　6-12

（12）整理结构线。使用 工具组合相关曲线，图 6-13 亮黄色曲线为组合的结果。并把多余的线删除，形成如图 6-13 所示的整体框架。

（13）使用【从网格曲线建立曲面】命令 ，创建出如图 6-14 所示的曲面。

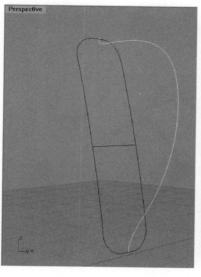

图　6-13

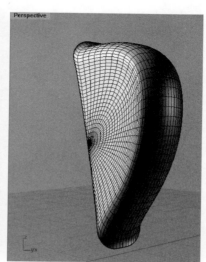

图　6-14

（14）当前壶柄与壶体仅保持"位置连续性"，如图 6-15 所示。需要进一步修改以达到
"曲率连续性"。在 Front 视图中，绘制如图 6-16 所示的曲线。

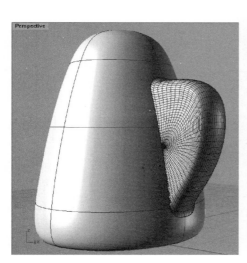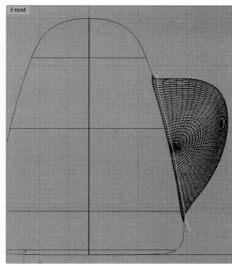

图　6-15　　　　　　　　　　　　　图　6-16

（15）使用这条曲线剪切壶柄曲面，形成一道缝隙，如图 6-17 所示。

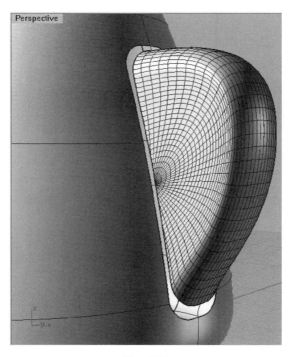

图　6-17

（16）使用单轴缩放工具![icon]，把壶柄的宽度稍微缩小一些，给下一步的曲面混接留出结构空间，如图 6-18 所示。

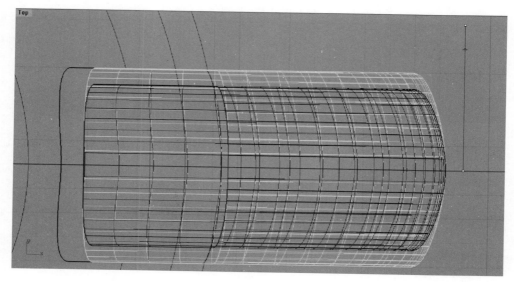

图　6-18

（17）使用曲面混接工具![icon]，混接壶柄与壶体，使其达到"曲率连续性"。结果如图 6-19 所示。

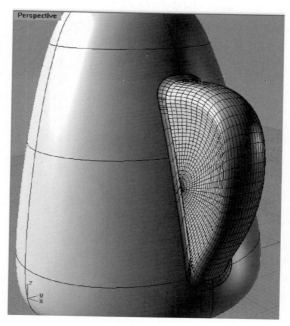

图　6-19

（18）在 Front 视图中，绘制如图 6-20 所示的曲线，并利用该曲线修剪曲面，结果如图 6-21 所示。

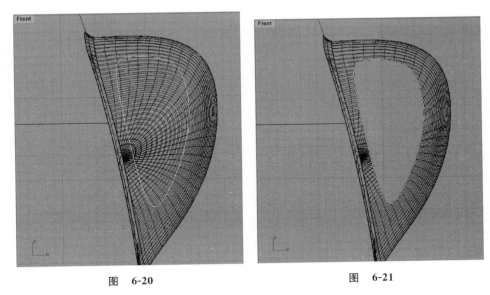

图 6-20　　　　　　　　　　图 6-21

（19）使用放样工具，制作如图 6-22 所示的结构。并使用工具对局部进行倒角处理，使壶柄握起来更加舒适，倒角位置如图 6-23 所示。至此完成壶柄部分的建模。

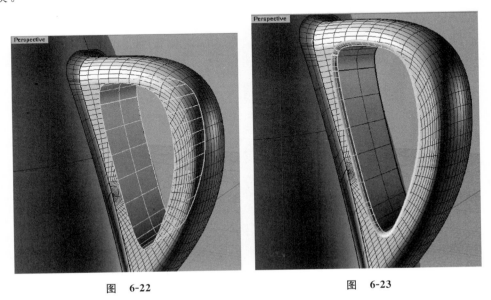

图 6-22　　　　　　　　　　图 6-23

（20）在 Front 视图中，绘制如图 6-24 所示的曲线，并拉升形成曲面。

（21）使用  工具，把壶体和手柄所有的曲面组合起来，形成"实体"。然后把上一步绘制的曲面和"实体"都原地复制一份，并单击 隐藏一份。

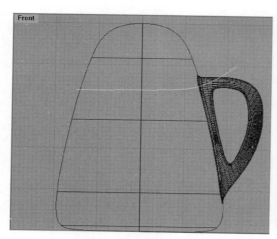
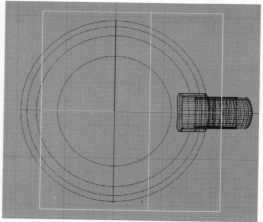

图   6-24

（22）对电水壶"实体"和曲面使用布尔差集工具 进行差集运算，得到如图 6-25 所示的结果；使用 工具炸开刚才得到的结果，把图 6-25 中顶部亮黄色显示的面删除，并把该部分隐藏。

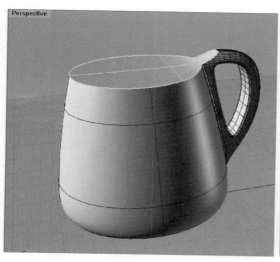

图   6-25

（23）把第（21）步隐藏的另一份显示出来，使用 工具对曲面进行重定义，如图 6-26 所示。

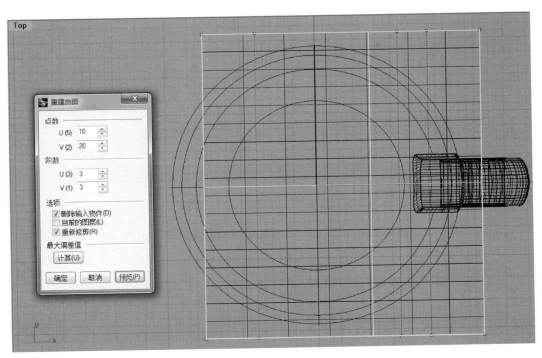

图 6-26

(24)按 F10 键,展开曲面的"可编辑控制点",选中如图 6-27 所示的控制点向下移动,形成如图 6-28 所示的造型。

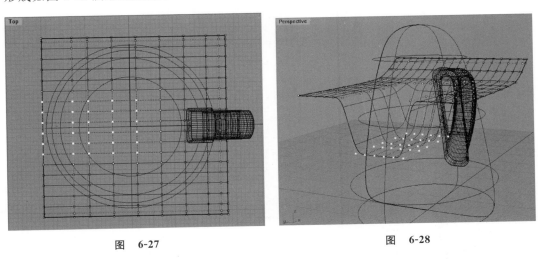

图 6-27   图 6-28

(25)单击 ![]工具,查看曲面法线方向,白色短箭头向下如图 6-29 所示。右击 ![]工具,使法线方向反转向上,如图 6-30 所示。

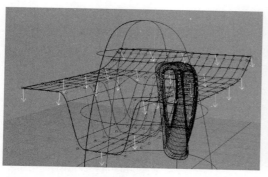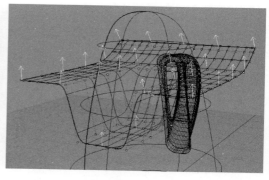

图　6-29　　　　　　　　　　　　　图　6-30

（26）对电水壶"实体"和曲面使用布尔差集工具 进行差集运算。由于反转了法线方向，得到的结果和上一次布尔差集运算的结果相反，如图 6-31 所示。

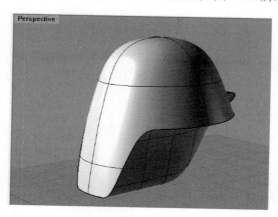

图　6-31

（27）绘制如图 6-32 所示的长条形实体，并进行布尔差集运算，制作出电水壶的出水口。

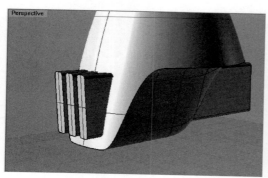

图　6-32

(28)绘制一个如图 6-33 所示大小合适的圆球,进行布尔差集运算。

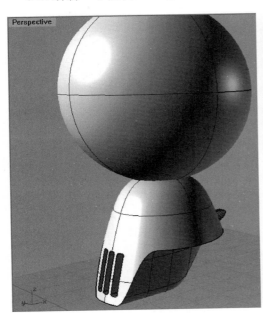

图　6-33

(29)使用 工具,绘制一个大小合适的圆台,并倒角,放到如图 6-34 所示的位置。至此,电水壶的上半部就完成了,可以放到一个图层中管理起来。

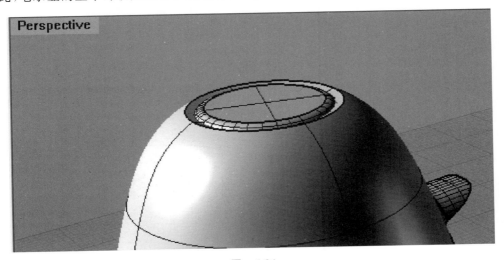

图　6-34

(30)把图 6-25 制作的部分显示出来。参照出水口的位置,在 Front 视图中绘出一条 U 形曲线,如图 6-35 所示。接着,使用工具拉伸,请注意位置关系。

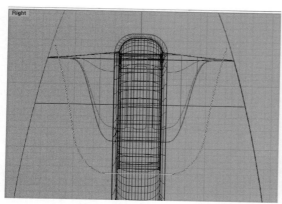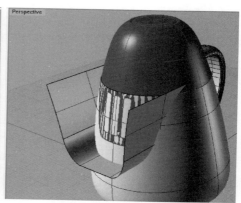

图　6-35

(31)使用 工具，以 U 形曲面分割壶体，得到图 6-36。对亮黄色曲面执行 命令。

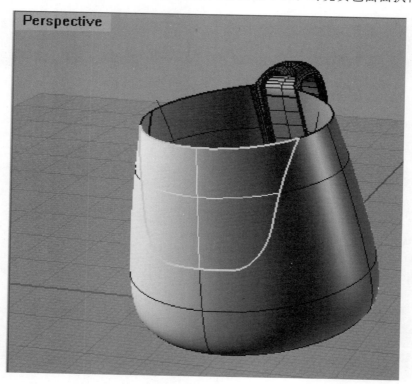

图　6-36

(32)按 F10 键，显示其"可编辑控制点"，发现其数目不够。接下来使用 工具进行重定义，如图 6-37 所示。

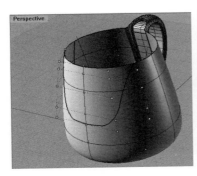
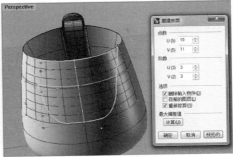

图　6-37

　　（33）选中如图 6-38 所示的中间的一排控制点，借助移动工具 ![icon]、单轴缩放工具 ![icon]，改变控制点的位置，形成壶嘴的形状，如图 6-39 所示。

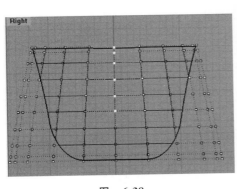

图　6-38

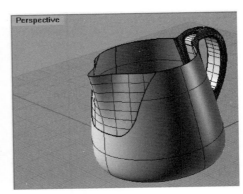

图　6-39

　　（34）接下来制作"水位显示观察窗"。

　　在 Front 视图中，绘制如图 6-40 所示的位置和形状。使用投影工具 ![icon] 投射到壶体，并删除多余的投影线。

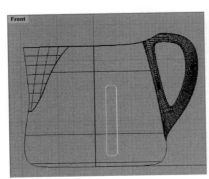

图　6-40

（35）利用投影线，制作出水位显示窗的结构，得到如图 6-41 所示水位显示窗的结构。这部分的制作思路，请读者参照第 8 章的"工艺缝"专题，这里不再赘述了。

图　6-41

（36）把刚才制作的所有零部件显示出来，可以看到如图 6-42 所示的最终效果。

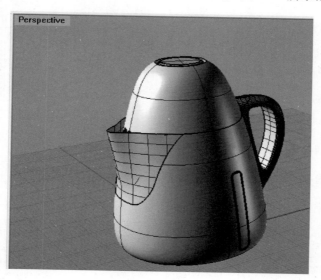

图　6-42

第 7 章
音箱设计

学 习 目 标

本章将介绍一个音箱设计实例，要求学生：

1. 了解一个真实产品设计项目的流程；
2. 熟悉和掌握设计Rhino建模的技巧。

本章将设计一款音箱的外观造型,效果如图 7-1 所示。产品开发的过程,一般要经历如下阶段。

(1)设计调研。

(2)设计手绘草图。

(3)Rhino 建模及效果图。

(4)PRO/E 结构设计。

(5)快速成型草模。

接下来要完成设计流程中第 3 个环节的部分。

图　7-1

本例的设计步骤如下。

首先绘制箱体部分。建模过程一般从整体入手,这样有利于把握产品的尺寸、比例。

(1)在 Front 视图中,创建尺寸如图 7-2 所示的线型。设置的单位是厘米,请注意单位。

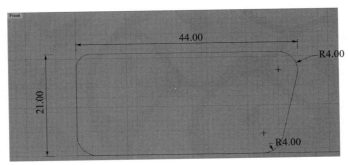

图　7-2

（2）使用偏移工具 🔧，向内偏移 0.3 厘米，如图 7-3 所示。然后，使用 🔲 工具拉升 17 厘米，如图 7-4 所示。

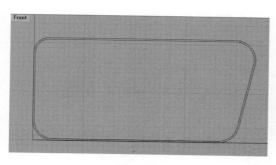

图 7-3

图 7-4

（3）使用 🔵 命令，选择如图 7-5 所示的曲线，形成面，并移动 16.5 厘米，放到图 7-6 所示的位置。

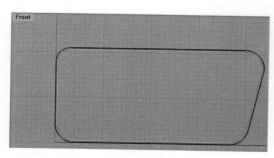

图 7-5

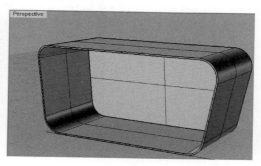

图 7-6

（4）再次使用偏移工具 🔧，还是选择图 7-5 中的曲线，向内偏移 0.3 厘米。

（5）绘制如图 7-7 所示的斜线，位置大致差不多就可以了。对图 7-8 中的曲线两两修剪，得到图 7-9。

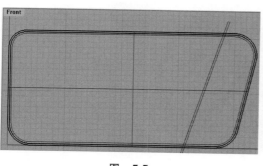

图 7-7

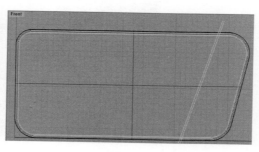

图 7-8

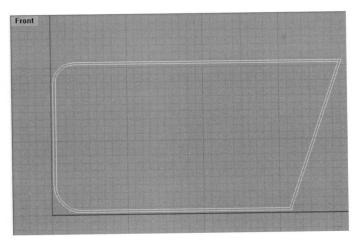

图　7-9

（6）沿坐标系统 Y 轴反方向移动图 7-9 中内侧的曲线大约 0.5 厘米，使用放样工具
，以平面曲线成面工具 制作出前面板，如图 7-10 所示。

同理，可以制作出音箱右侧的面板部分，如图 7-11 所示。

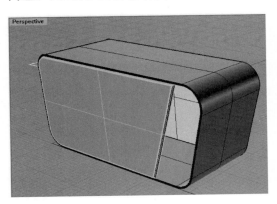

图　7-10

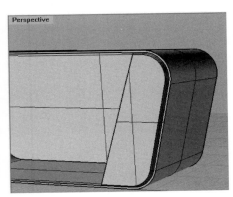

图　7-11

接下来，进行"控制旋钮"部分的制作。整个"控制旋钮"的制作思路很简单，主要是
工具的多次使用，制作出不同大小的圆柱体后倒角，其结构分解后如图 7-12 所示。

（7）在 Front 视图中，绘制一个半径为 3 厘米的圆，如图 7-13 所示。并投影到刚才制
作的右侧面板上。

（8）使用剪切工具 开洞，如图 7-14 所示。然后再使用 工具拉升出一段距离，大
约 2 厘米，如图 7-15 所示。

（9）参照图 7-13 中圆的大小，在 Right 视图中，绘制截面图形，如图 7-16 所示。并利
用旋转成型工具 ，做出如图 7-17 所示的结构。

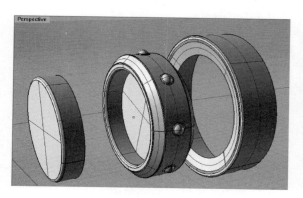

图　7-12

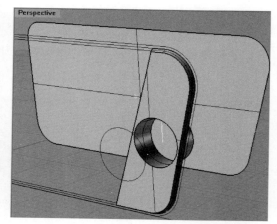

图　7-13

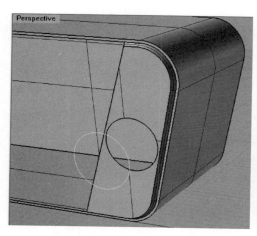

图　7-14

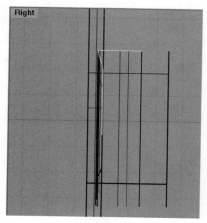

图　7-15

图　7-16

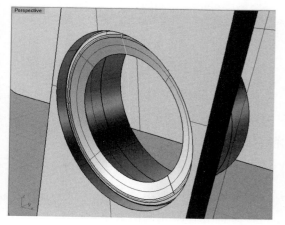

图　7-17

（10）在 Front 视图中，绘制一个半径为 2.5 厘米的圆，如图 7-18 所示。再使用 ▣ 工具拉伸成实体，如图 7-19 所示。

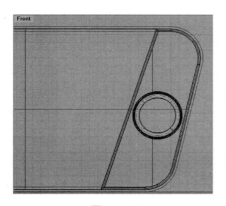

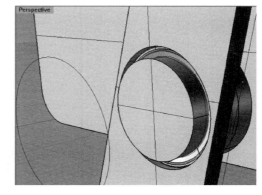

图　7-18　　　　　　　　　　　图　7-19

（11）使用实体倒直角工具 ⬢，做大小为 0.3 厘米的倒角，如图 7-20 所示。

（12）在上一步制作的圆柱体上，创建一个半径 R＝0.2 厘米的圆球，如图 7-21 所示。

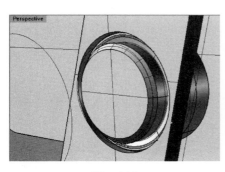

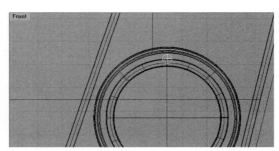

图　7-20　　　　　　　　　　　图　7-21

（13）使用环形整列工具 ⬡，沿着刚才的圆柱体 360°整列 8 个，再与圆柱体做布尔并集运算，如图 7-22 所示。

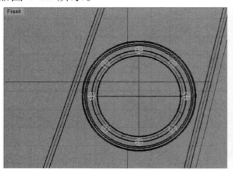

图　7-22

（14）对局部进行倒圆角，半径大约 0.12 厘米，如图 7-23 所示。

（15）创建一个半径为 1.8 厘米的同心圆柱体，如图 7-24 所示。原地复制一份并隐藏。与图 7-22 右图中的实体做布尔差集运算，得到如图 7-25 所示的结构。

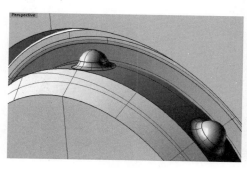

图　7-23

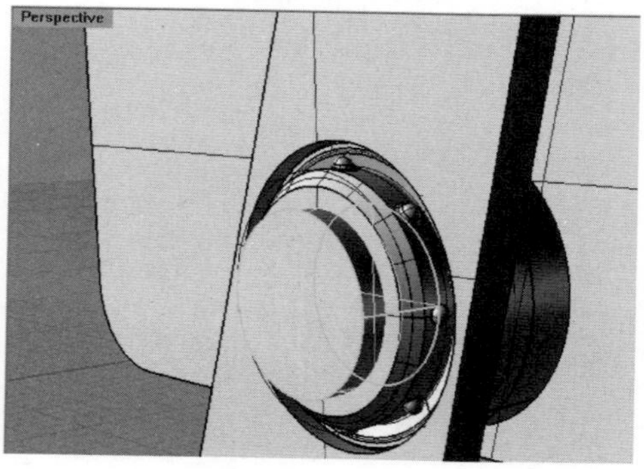

图　7-24

（16）把刚才隐藏的一份显示出来，并往里稍微挪动一点，如图 7-26 所示。这样，就完成了"旋钮"部分的主体建模。对适当的部分进行倒角操作，整个按钮就完成了，效果如图 7-27 所示。

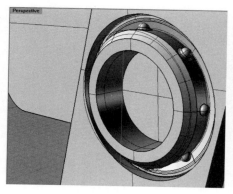

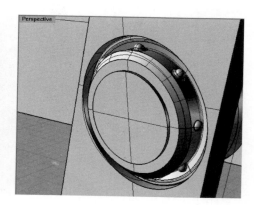

图　7-25

图　7-26

图　7-27

(17)使用圆台工具,绘制一个圆台,上下半径分别是 0.7 厘米、1.2 厘米,复制 4 个作为音响的脚垫,如图 7-28 所示。

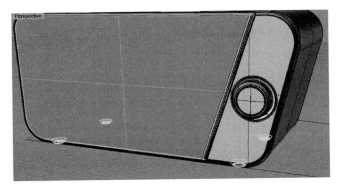

图　7-28

(18)用 Pipe 命令绘制出电线,如图 7-29 所示。

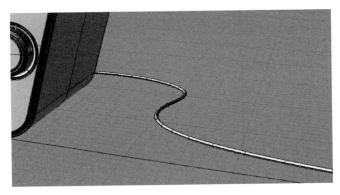

图　7-29

(19)添加上品牌的 Logo 等细节部分,整个"音箱"的建模部分就完成了,如图 7-30 所示。

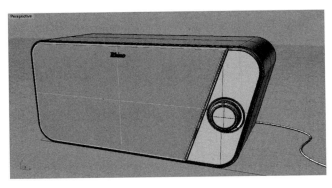

图　7-30

（20）渲染产品效果图。

一般来说,有两种方法出效果图。其一是把建立的产品模型以 3ds 格式的文件输出,并导入到 3ds Max 中渲染。另一种快捷方法是直接在 Keyshot 中打开 Rhino 建立的产品模型,进行快速渲染。相对来说,前一种方法对材质、灯光的控制更加灵活、自主,即可操控性强,但是对软件的操作提出了更高的要求。初学者不大容易掌握。后一种方法相对比较"傻瓜",能够快速出图,所见即所得。但是,效果图容易"死板",很多效果做不出来,特别是对灯光的控制不足。打个比喻的话,前一种用的是"单反相机",后一种用的是"傻瓜相机"。读者可根据自己的具体情况选择。

KeyShot 是最近兴起的一种快速出效果图的软件,具有速度快、所见即所得的特点。

KeyShot 意为"The Key to Amazing Shots",是一个互动性的光线追踪与全域光渲染程序,第一个具备实时光线跟踪和全局照明的功能。

KeyShot 也具有一定的使用缺陷:

（1）一旦开启 KeyShot 软件,CPU 几乎接近 100%,使得其他工作无法顺畅完成。

（2）打开模型后,KeyShot 渲染的实时性不是很强,而且伴随着鼠标拖动、旋转、缩放等操作,KeyShot 渲染不是很流畅,给人很卡的感觉。

第 **8** 章

3D 眼镜实例

学 习 目 标

本章将介绍一个3D眼镜的实例，要求学生掌握如下工具的使用：

1. 整修曲线（Refit Curve）工具；

2. 双轨扫掠（Sweep2 Rails）；

3. 投影到曲面（Project to surface）、分割 (Split)工具。

随着 3D 电视的广泛使用,很多家庭都可以在家观看 3D 电影,3D 眼镜的需求大大提高,本章将设计、制作一款简单的 3D 眼镜。

本款 3D 眼镜主要由两部分组成,主体形态以多个曲面的方式来组合,眼镜腿的部分利用了多种建模方式。在运用多个曲面时,要注意曲面与曲面的相接部分,最后再将这两部分结合起来。

本例效果图如图 8-1 所示。

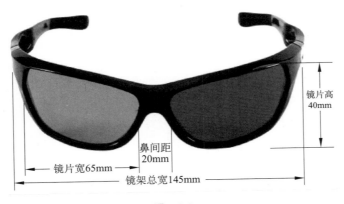

图　8-1

下面来详细介绍这款产品的制作,具体操作步骤如下。

(1)运行 Rhino 软件后最大化前视图,单击工具箱中的矩形工具 ▢ 建立两个矩形,再画 4 条直线,作为辅助线。单击 ▢ 工具,绘制眼镜的轮廓线,如图 8-2 和图 8-3 所示。

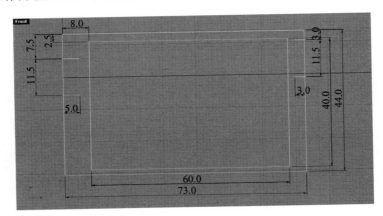

图　8-2

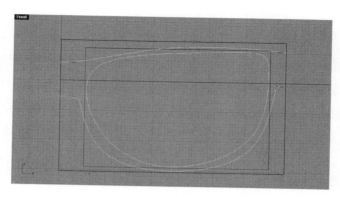

图 8-3

（2）在顶视图，单击 ⬚ 工具绘制如图 8-4 所示的曲线 1。

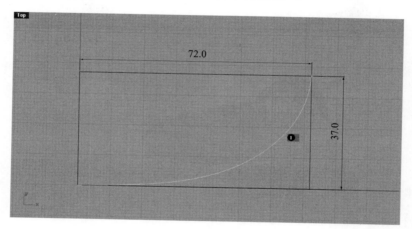

图 8-4

（3）单击工具箱中的 ⬛ ，从下拉工具中选择 ⟋ ，选择曲线 1，查看曲线 1 的曲率。使用 🐎 命令，调整曲率，使曲线变得更加平滑，如图 8-5 所示。

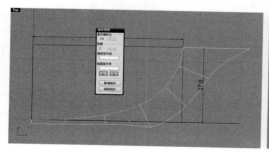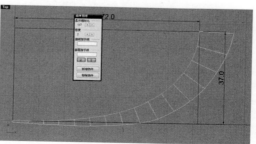

图 8-5

（4）单击偏移工具 ，往上偏移 4.5mm，生成曲线 2，再单击 命令，微调曲线，如图 8-6 所示。

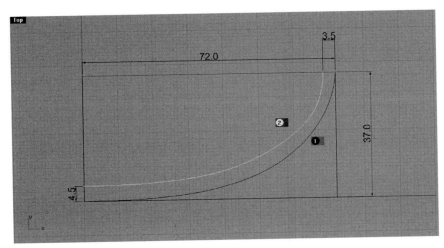

图 8-6

（5）单击工具箱中的 ，建立矩形作为辅助，再利用 工具画曲线 3，再单击 命令，微调曲线。单击 命令，往内偏移 3.5mm，生成曲线 4，再单击 命令，微调曲线，如图 8-7 所示。

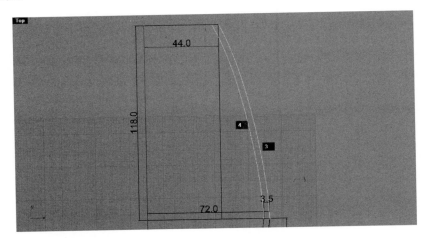

图 8-7

（6）单击 工具，先选择曲线 3，再选择曲线 1，这样能保证曲线 1 的形状不变，而只调整曲线 3。弹出衔接曲线菜单，不要设置【互相衔接】项，如图 8-8 所示。曲线 2 与曲线 4 同理。

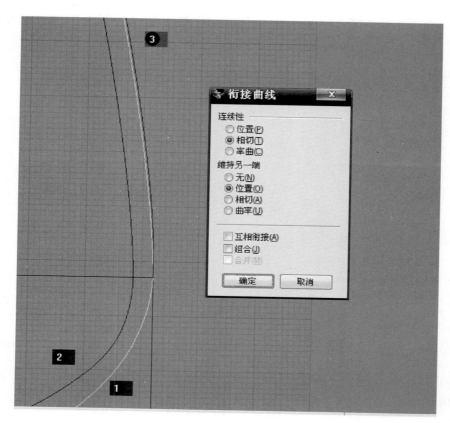

图　8-8

（7）先把其他无关的线隐藏，单击 工具，选择曲线 1 和眼镜轮廓线，同理 3 条眼镜轮廓线都进行操作。得到新增的 3 条线。这 3 条线就是眼镜框的实际轮廓线，如图 8-9 所示。

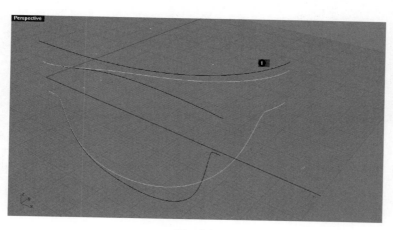

图　8-9

3D 眼镜实例

（8）3D眼镜是有一定弧度的，所以用  工具，产生的正面就会是平的，结果如图 8-10
所示。

图 8-10

（9）单击工具箱中的 ，从下拉工具中选择 ，在前视图分别选择曲线端点，命令行
上输入 24，绘制出圆弧，这条圆弧为眼镜侧面轮廓的造型线。同理在左视图画出 R7.6 的
圆弧，如图 8-11 所示。

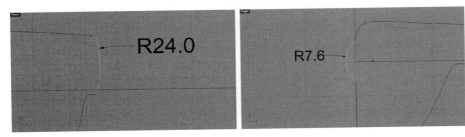

图 8-11

（10）单击工具箱中的 ，在顶视图画出辅助线，方向大概和轮廓线垂直。用  工具
挤出辅助面，单击工具箱中的 ，在下拉菜单中选择  工具，可以在辅助面上绘制线
条，如图 8-12 所示。

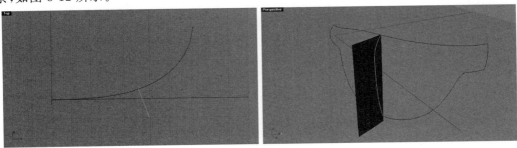

图 8-12

117

(11)单击工具箱中的 ，从下拉工具中选择 ，先选择眼镜上下轮廓线，再依次选择3条弧线右击确定，弹出衔接曲线菜单，选中【保持高度】复选框，保持曲面高度不变，创建出基本轮廓，如图8-13所示。

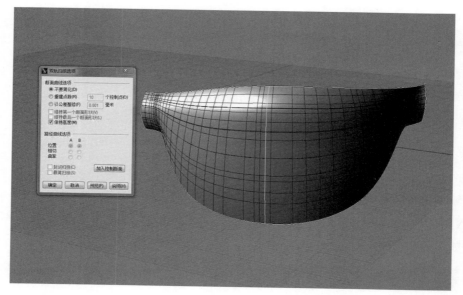

图　8-13

(12)从图8-13中可以看到曲面上的布线不均匀，可以使用 命令，调整曲率，使曲线变得更加平滑。再重复上一步的操作，可以看到布线均匀，如图8-14所示。再使用 命令，调整曲面曲率，使曲线变得更加平滑，如图8-15所示。

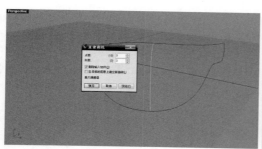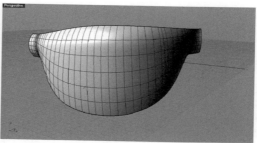

图　8-14

(13)在前视图，单击 工具，选择中间的镜片轮廓线，将眼镜片轮廓投影到刚建立的曲面上。单击 工具，选择主体后右击【确定】按钮，再选择投影过去的线，使主体分割一个面，如图8-16所示。

(14)单击工具箱中的 ，在下拉菜单中选择 工具，U＝5，V＝5，如图8-17所示。

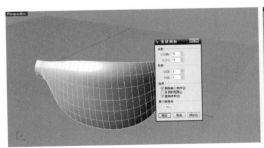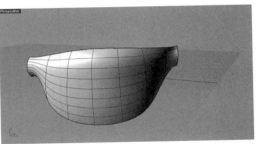

图 8-15

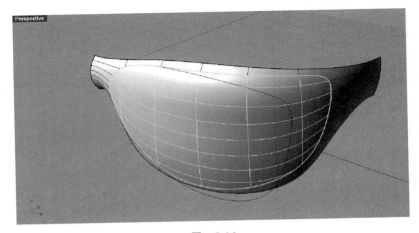

图 8-16

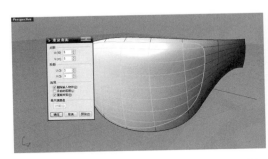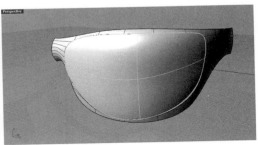

图 8-17

(15) 显示辅助线,把不需要的线面隐藏。单击 工具,在视图中选中曲线 2,右击确定。输入距离大于眼镜轮廓线,完成主要形体创建。在前视图,单击 工具,选择中间的镜片轮廓线,将眼镜片轮廓投影到刚建立的曲面上。单击工具箱中的 ,在下拉菜单中选择 工具,调整节点。单击 工具,选择主体后右击确定,再选择投影过去的线,使主体分割成几个面。删除不需要的面,如图 8-18 所示。

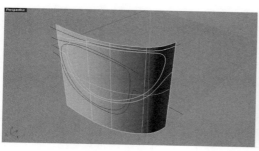
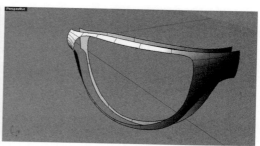

图　8-18

（16）单击 [图标] 工具，选择两条边界线后右击【确定】按钮，弹出调整混接转折菜单并设置，使主体与圆形面之间生成一个面。如图 8-19 和图 8-20 所示。

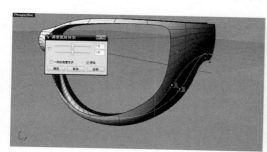

图　8-19

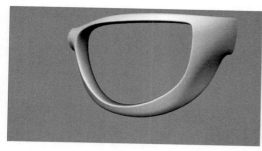
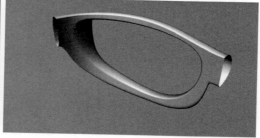

图　8-20

（17）单击工具箱中的 [图标]，在下拉菜单中选择 [图标]，选中需要编辑的 CP 控制点，在弹出的【UVN 移动】对话框中，设置"缩放比"为 1.0，进行变形，创建出基本的鼻托曲面。再降低"缩放比"，进行细微调整，创建出自然的鼻托曲面，如图 8-21 所示。

（18）显示之前绘制的曲线 3、4，执行移动工具 [图标]，用捕捉点，移动到眼镜框面的端点上，如图 8-22 所示。在右视图中，以曲线 3、4 的长度，绘制两条曲线，两条曲线是眼镜腿架的辅助线，如图 8-23 所示。

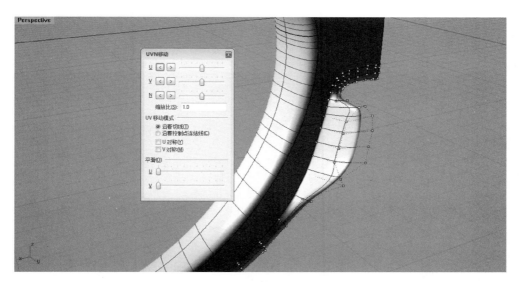

图　8-21

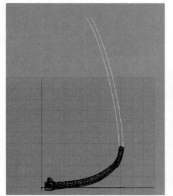
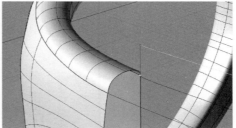

图　8-22

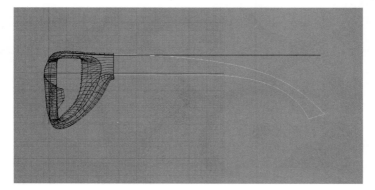

图　8-23

(19)使用从两个视图的曲线工具 ![icon]，选择眼镜腿架辅助线，直接生成将要创建眼镜腿架主体的线，如图 8-24 所示。

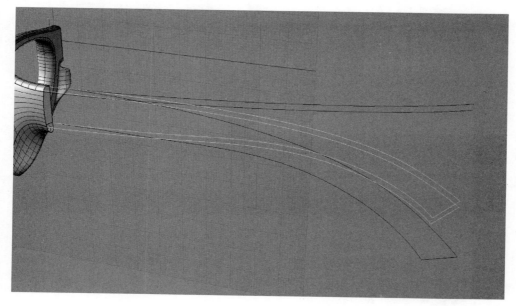

图　8-24

(20)使用双轨放样工具 ![icon]，选择刚创建的眼镜腿架曲线，在【双轨扫掠选项】对话框中设置合适的参数，创建内外曲面，如图 8-25 所示。

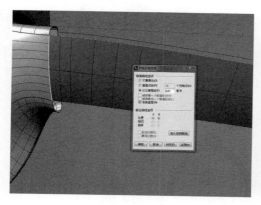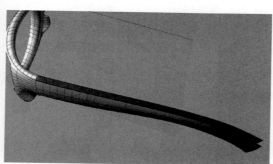

图　8-25

(21)使用衔接曲面工具 ![icon]，单击曲面相接边缘线，在弹出的对话框中设置曲面的连续性为相切连续，如图 8-26 所示。可对比衔接前后面的斑马线，如图 8-27 所示。

(22)使用混接曲面工具 ![icon]，在弹出窗口调整混接转折，大致与前面曲线相同。下面同理，如图 8-28 和图 8-29 所示。

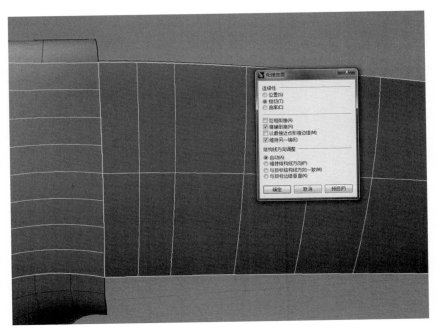

图　8-26

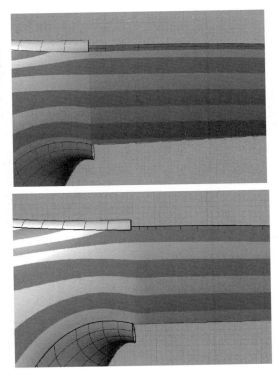

图　8-27

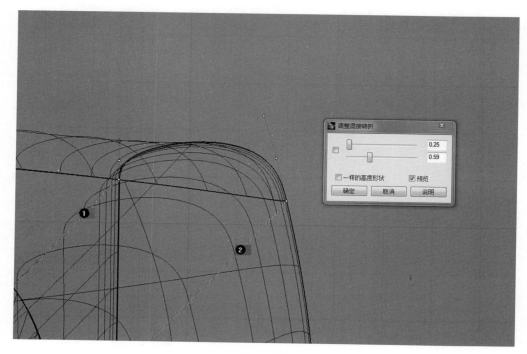

图 8-28

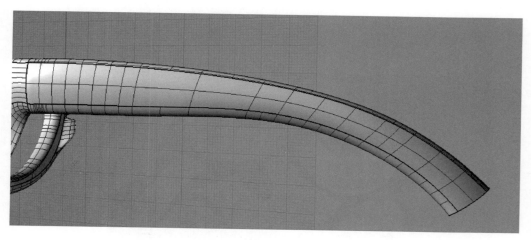

图 8-29

(23)从图 8-29 中,可以看到眼镜腿和眼镜框结合处的曲面衔接不平滑。接下来,使用剪切工具 ﾛ,利用矩形分割存在问题的部分,而后删除分割的曲面片段,结果如图 8-30 所示。

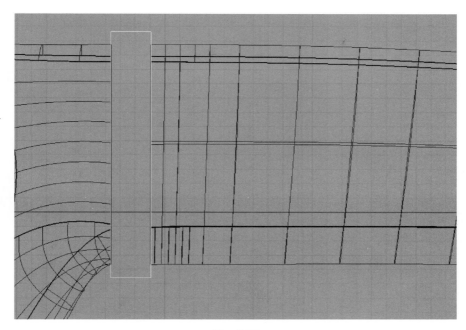

图　8-30

（24）使用混接曲线工具 ，依次选择边缘曲线，创建 4 条混接曲线。再使用从网络
建立曲面工具 ，选择相应的曲线与曲面边缘，创建出连接曲面，如图 8-31 所示。

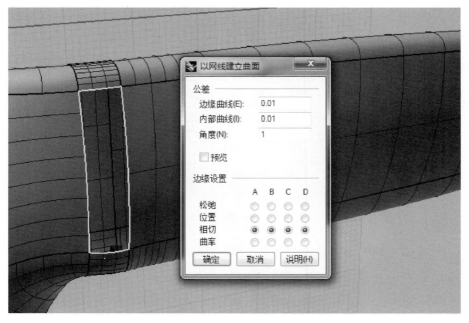

图　8-31

(25)在眼镜腿的末端,使用补缀工具 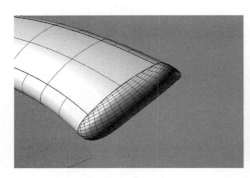,创建一个曲面,将其封闭,如图 8-32
所示。

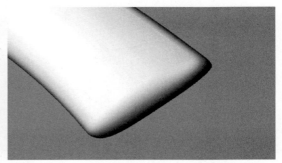

图　8-32

(26)使用镜像工具 ,复制出另一边,如图 8-33 所示。观察左右两侧的连接部位,
可以发现两者的衔接性不理想,需要进一步处理。

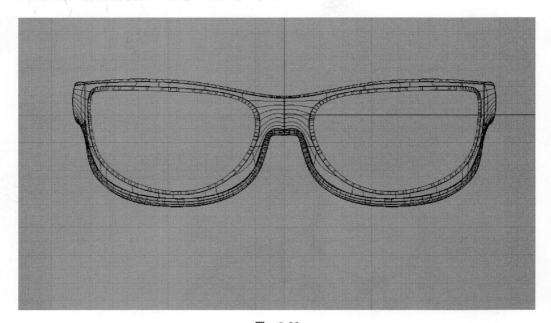

图　8-33

(27)中间对称画两条线,使用分割工具 ,把多余的面删掉,如图 8-34 所示。

(28)使用混接曲线工具 ,依次选择边缘曲线,创建 4 条混接曲线,如图 8-35 所
示。

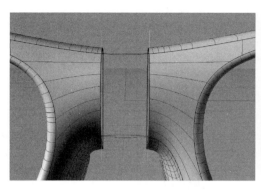 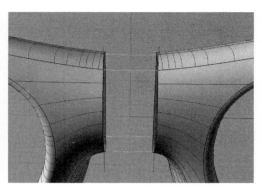

图　8-34　　　　　　　　　　　　　　　　　图　8-35

　　(29)使用从网络建立曲面工具，选择相应的曲线与曲面边缘，创建出连接曲面，如图 8-36 所示。预览连接效果，如图 8-37 所示。

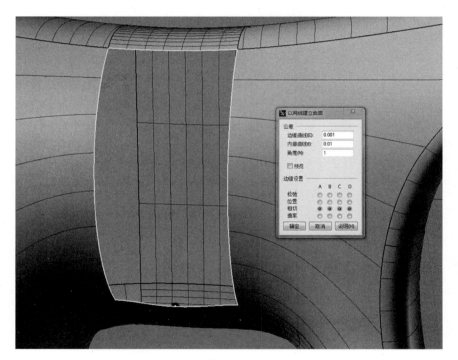

图　8-36

　　把之前做的镜片曲面显示出来，单击工具按钮，偏移 1.5mm，选择实体。创建出具有厚度的镜片，如图 8-38 所示。至此，我们完成了整个设计案例的制作，最终效果图如图 8-1 所示。

　　偏移距离〈1.500〉〔全部反转(F)　实体(S)　松弛(L)　公差(T)＝0.001　两侧(B)〕：

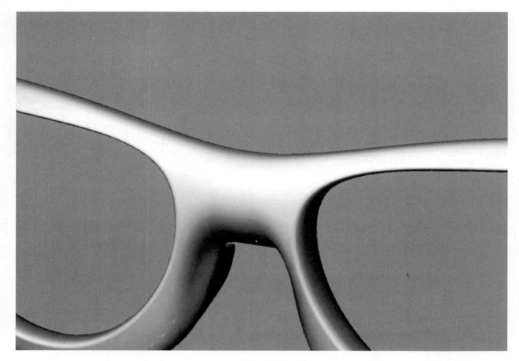

图　8-37

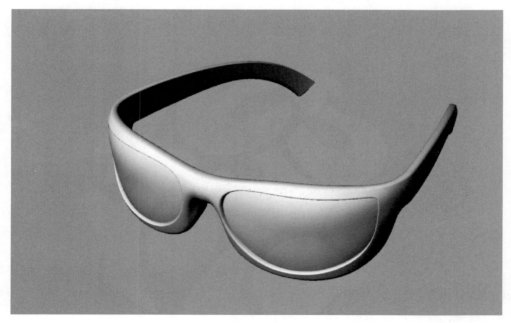

图　8-38

第 **9** 章

专题讲解

本章将介绍Rhino产品建模过程中一些常见的重点、难点结构的制作方法。读者可以学习到以下知识点：

1. 渐消面的制作；

2. 工艺缝的制作；

3. 三通管、四通管的制作；

4. mergesrf命令的深入学习。

在使用 Rhino 软件进行产品造型设计过程中,经常遇到一些比较棘手的"特别的结构",难以理清 Rhino 建模的思路。本章将把这些问题集中起来作为一个专题进行讲解。

本章的内容涉及结构分析,学习过程可能比较慢,有一定难度,需要读者有一定的细心和耐心。

9.1 渐消面的制作

渐消面是产品造型中十分常见的一种造型,能体现速度感和流畅感,是增强曲面设计感的一种常用手段。其结构特征是渐消曲面沿其主体曲面走势延伸至某处自然消失,如图 9-1 所示。

图   9-1

【案例】

图 9-1 所示也是本章要做的效果,是一种最典型也是最简单的渐消面。

这种结构在产品设计中十分常见,如日常的汽车车身设计中,多采用这个结构表现汽车的速度感。正是因为其应用的广泛性,又具有一定的技巧性和难度,所以这里将其作为一个专题进行讲解。

【整体思路】

渐消面的思路大同小异,一般都是在原本平滑的原曲面上切割出一小块,对小面实施微量的变形,再使其和母体曲面用 blendsrf 或 networksrf 自然混接。

【操作步骤】

(1)绘制基础形态。具体形态不限,是可以有多种变形的,如图 9-2 所示。

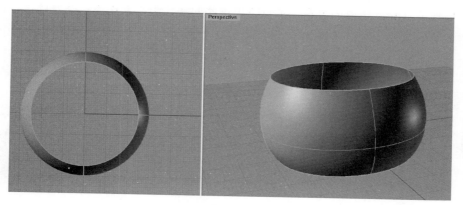

图　9-2

(2)根据自己希望的渐消面形状做出两条曲线,如图 9-3 所示。接下来,利用绘出的两条曲线切割母体曲面,如图 9-4 所示。

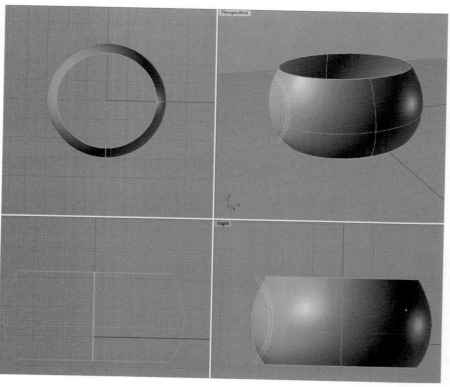

图　9-3

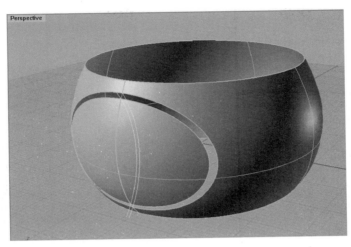

图　9-4

（3）使用【收缩已剪切曲面】工具 ，对这块小曲面进行控制点的缩回。使用快捷键 F10 可以打开控制点，对比一下缩回前后控制点的分布。

（4）缩回后打开小曲面控制点，在 top 视图对两端的两组控制点进行单轴缩放 ，使曲面往内缩一点，如图 9-5 所示。这就是前面思路里提到的"微量的变形"。之所以只移动部分控制点是为了得到"渐消"的效果，并且缩得越多将来做出的渐消面越深。

如果全部控制点都进行移动的话，那么整个曲面就变成凹坑或者凸起了，而不是我们要的"渐消"。

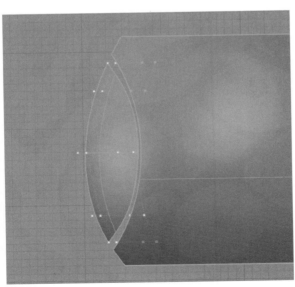

图　9-5

（5）使用【混接曲面】命令 ![icon] 进行曲面混接，如图 9-6 所示。

注意图中白色点的位置，自己做的时候最好也移动到图中同样位置，以保证 ISO 的相对对称和整齐。

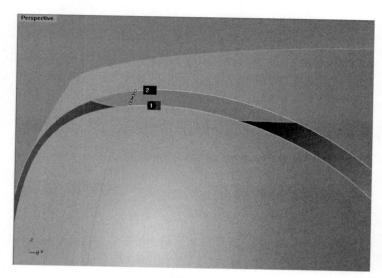

图　9-6

（6）请留意，第一次右键确认后注意命令行选项。

具体的情况往往不一样，时常需要手动添加一些断面线以纠正 ISO 线的扭曲，使曲面更加自然。

需要添加断面线的位置一般在图 9-7 所示的箭头处。

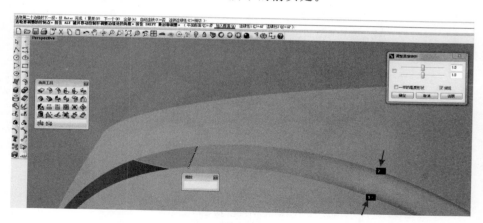

图　9-7

（7）右键确认完成两个曲面之间的混接。检查一下，将所有曲面组合，完成渐消面的制作，结果如图 9-8 所示。

图　9-8

　　本专题的练习,重点要把握渐消面的整体思路,以便遇到其他一些不同的基础形态时,能够举一反三。

9.2　工艺缝的制作

　　产品设计中,由于工艺和模具的限制,往往存在如图 9-9 所示的"工艺缝"。在利用

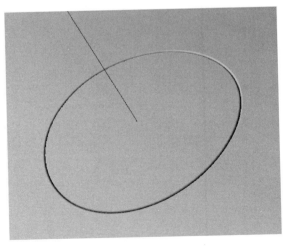

图　9-9

Rhino 软件进行建模的过程中,要把握好"工艺缝"这些细节特征,以表现产品的真实性和结构合理性。

在 Rhino 软件中,这种结构的表达不能通过某一个具体命令一步完成,需要借助一定的技巧来间接完成。下面介绍几种常见可行的方法。

9.2.1 曲面上 "工艺缝"

这种类型的"工艺缝"常用来表示产品设计中的"按钮"等。具体操作的步骤如下。

(1)在曲面上创建法线直线。使用 🕐 命令后在曲面上任一点单击,画出与曲面垂直的直线,如图 9-10 所示。

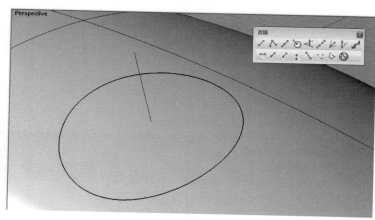

图　9-10

(2)使用【挤出】命令 ▣ 挤出凹缝边界,如图 9-11 所示。

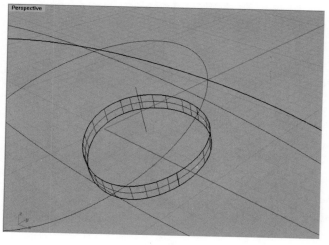

图　9-11

曲面挤出时,一定要选择【命令行】中的【方向】选项,这样可以指定曲线的挤出方向。选择了"方向"后单击上一个步骤绘制直线的两个端点,这样生成的两个曲面是完全垂直的。然后,选择生成的曲面,按 Ctrl+C、Ctrl+V 组合键原地复制粘贴一个曲面。

(3)使用曲面圆角工具,把边角处理圆滑,这里需要注意的是做好一个边角之后,要删除圆角处理过的曲面,这样便于另一个面的圆角制作。完成后的结果如图 9-12 所示。

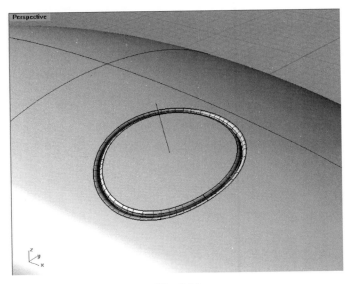

图   9-12

9.2.2　双轨放样法

有时候,工艺缝的走向不会像 9.2.1 节中介绍的方法那样规整,这就需要调整制作的思路。本节将介绍一种更加常用的制作工艺缝的办法。相对 9.2.1 节中的方法,本方法步骤复杂一点,但是受到的限制较少,使用范围也更加广泛。

【案例】

按照图 9-13 中随机的一条曲线的轨迹来制作一条工艺缝。

操作步骤:

(1)原地复制粘贴一个"路径曲线",并暂时隐藏。使用延伸曲线工具 ，把图 9-13 中亮黄色曲线向外延伸一点儿,结果如图 9-14 所示。

(2)使用 pipe 工具 ，制作一条半径大小合适的"管",两端不需要封口,如图 9-15 所示。

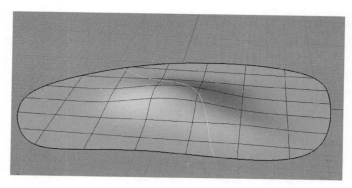

图　9-13

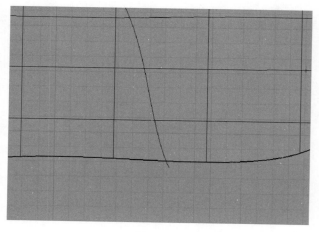

图　9-14

　　需要留意的是，"管"的长度一定要伸出基础曲面的边缘。这就是第一步延伸曲线的原因。如果发现管不够长，请返回第一步把曲线再延伸一些。

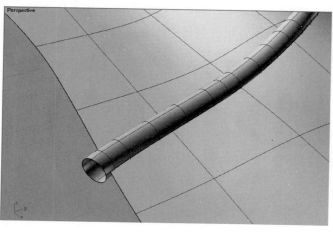

图　9-15

（3）使用工具 [图标] 求出"管"与基础曲面的交线，如图 9-16 亮黄线所示。

（4）利用得出的交线剪切基础曲面，得到图 9-17 所示效果。

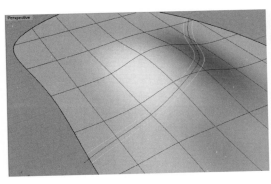 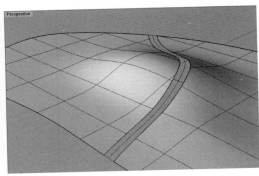

图　9-16　　　　　　　　　　　　　图　9-17

（5）利用相关工具，借助"捕捉"，绘制如图 9-18 所示的结构。关键是绘制出两个亮黄色的弧线。

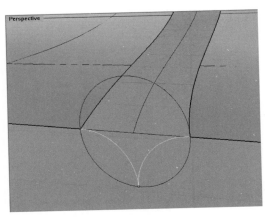

图　9-18

（6）使用工具 [图标]，完成工艺缝的制作，其结果如图 9-19 所示。

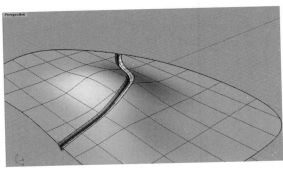

图　9-19

9.3 三通管

三通管、四通管的结构在产品设计中并不常见,选择这个案例作为专题主要是通过这个专题的学习,能使大家对 Rhino 软件的建模思路有一个更深刻的认识。这个专题具有一定的难度,主要体现在如何在建模前有一个良好的结构认识并能够使曲面达到 G2 连续性。希望读者用心体会。

【案例】

本节将制作一个如图 9-20 所示的三通管结构。制作这样一个结构,重点在于把握好结构线的排布,因此前面的几步很重要。

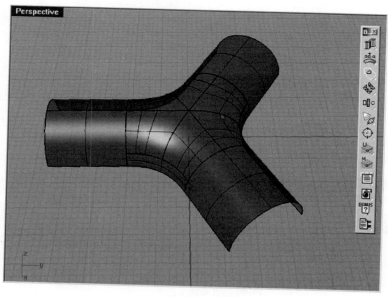

图　9-20

【操作步骤】

(1)绘制如图 9-21 所示的结构线。在绘制过程中,要打开相应的捕捉点工具。

(2)使用工具 ,360°阵列复制 3 个,如图 9-22 所示。

(3)运用线与线的混接命令 ,形成线 A,如图 9-23 所示。

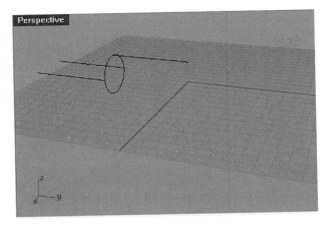

图　9-21

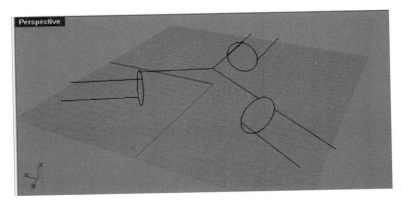

图　9-22

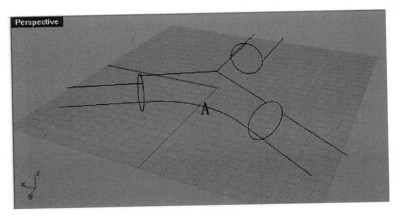

图　9-23

（4）打开中点捕捉,取 A 的中点,画一条垂直线,如图 9-24 所示。

然后与其在同一平面上的那根垂直的线进行混接,形成线 B,如图 9-25 所示。

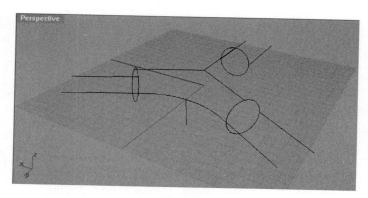

图　9-24

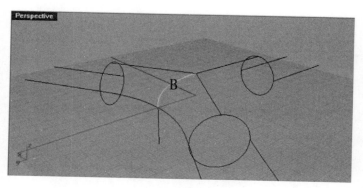

图　9-25

完成到这一步，三通管最主要的结构就搭建完毕了。有了这个框架结构，后面就比较容易了。

（5）使用工具 ，选择对应的 4 条线形成一个面，如图 9-26 所示。

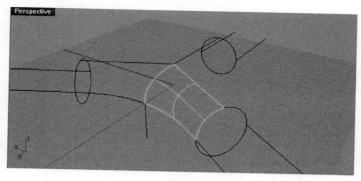

图　9-26

（6）再使用镜像工具 复制一个，并利用 match surface 工具 匹配两个曲面，使其达到 G2 的连续性，如图 9-27 所示。

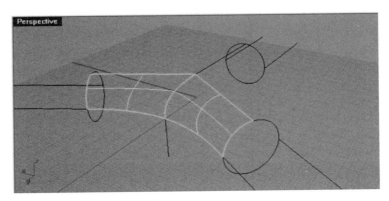

图　9-27

（7）按快捷键 F10，打开曲面的控制点，将左右边的控制点移到中间，如图 9-28 所示。

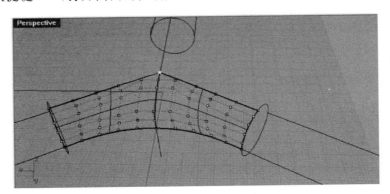

图　9-28

（8）使用整列、对称工具，制作出上部、下部的曲面，如图 9-29 所示。

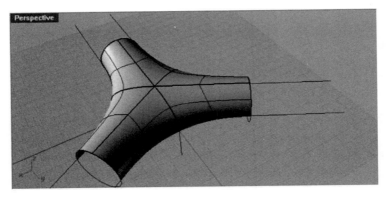

图　9-29

（9）对生成的曲面相互间进行匹配，使其达到 G2 连续性。这里用曲面分析工具检测，发现生成的三通管质量比较满意，如图 9-30 所示。

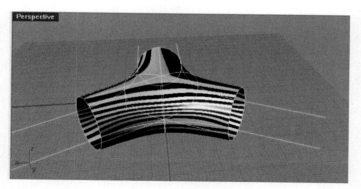

图　9-30

9.4 Mergesrf 命令的深入学习

9.4.1　Mergesrf 命令的概念

Mergesrf 命令的作用简单来讲,就是把两块曲面合并在一起。正是这种简单性,人们往往忽视了其中的一些细节。这里作为一个专题讲解,目的是让读者加深对这个命令的认识。

在 Rhino 中 Merge 两个面有两个好处:一是化复合面为单一面;二是边界线精简了。与 Join 命令相比,其处理后从视觉看结果一样,但实质效果是完全不一样的,而且 Merge 处理后的面比较方便后期其他命令的操作。

> 需要注意 Merge(合并曲面)与 Join(连接曲面)的区别。
> 　　Join 的曲面是复合曲面,由两个或两个以上单个曲面复合而成,本质上还是两个以上的曲面。所以它是可逆的,可以被炸开的,可以还原成若干单独的曲面,而且 Join 曲面没有对剪切与否有什么要求。Merge 曲面真正把多个曲面变成一个单一的曲面,它的操作也是不可逆的。Merge 曲面的要求非常严格,剪切后的曲面就没办法合并了。

Merge 命令的使用要注意以下两个操作前提：

(1)具有两条完全相同的非剪切原生边。

(2)这两条边必须完全重合。

以上两个条件缺一不可,这两条边可以称为合并边。图 9-31 列出了一些可以合并和不可以合并的例子。

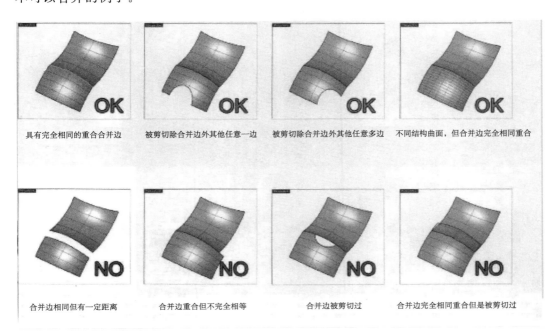

图　9-31

合并的条件如此苛刻,所以很多曲面都无法合并。有的需要 Untrim(不剪切)后才能合并,还有的必须收缩后 Untrim(不剪切)才能合并。请在合并前确认需要合并的两个面是否都满足以上两个条件。

9.4.2　Merge 命令参数详解

首先要选择两个曲面,两个曲面选择的先后顺序没有影响,只是合并后的曲面会继承第一个被选择的曲面的属性。这个命令有一些参数可以调整,如图 9-32 所示。

```
指令: _MergeSrf
选取一对要合并的曲面（平滑(S)=是 公差(T)=0.001 圆度(R)=1）:
```

图　9-32

Smooth＝yes/no

设定合并后的曲面是否做光滑处理。所谓光滑化,就是相当于在两个曲面间倒一个圆角。如果不做光滑处理，两个曲面原来的连接方式会原封不动地反映到合并后的曲面上。如果原来两个曲面是 G0 连续，合并后的曲面就会存在折边。

图 9-33 是 Smooth＝no 时合并曲面的情况。

图 9-34 是 Smooth＝yes 时合并曲面的情况。

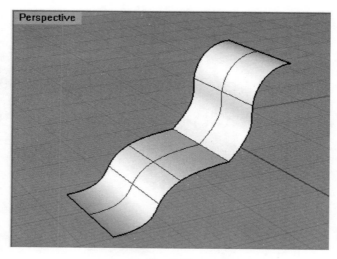

图　9-33

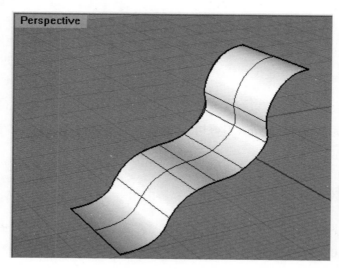

图　9-34

Tolerance(公差)：设定合并的公差值。

Roundness(圆滑度)：设定 Smooth 的圆滑程度，如果 Smooth＝no，则本项设置失效。Roundness 的值的范围是 0 到 1。随着这个值的增大，圆滑效果也越好。

合并曲面一般都用在建立大曲面时，例如，做一个具有对称特征的曲面物体，只需要先做出该曲面的一半,然后镜像再合成一个面。如果有锐边存在,合并就可以消除锐边(必须 Smooth＝yes)。

图 9-35 中,两个镜像面本来就完全对称,完全连续,所以可以选择 Smooth＝no,无须作光滑处理。因为 Smooth＝yes 可能会使曲面有微小的改变。

原本不连续的两个曲面,如图 9-36 所示,尽管使用 Smooth＝yes,但是最后的效果也没有原本就连续的曲面合并效果好。所以说,Mergesrf 命令不是万能的,还是基础打好更重要。

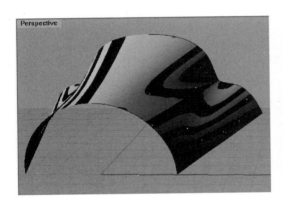
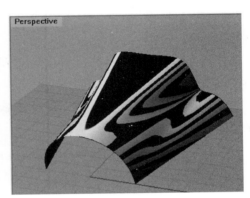

图 9-35   图 9-36

还有一些情况也可以使用 Mergesrf 命令。例如,在用 Sweep 1 扫描曲面时,由于 Rhino 设定曲面从截面曲线开始扫描,所以如果截面出现在中间的话,生成的曲面就只有一半。如果不想移动或者复制截面到末端的话,就可以分别向两端扫描两次,最后使用 Mergesrf 命令,注意一定要选择 Smooth＝no。我们可以看到,合并前后 ISO 并没有发生变化,这是选择 Smooth＝no 的好处。但是前提是曲面一定要绝对连续。如果不连续,可以尝试匹配一下曲面。

参 考 文 献

1. 艾萍,韩军,朱宏轩 . Rhino&VRay 产品设计创意表达[M]. 北京:人民邮电出版社,2009.

2. 张亚先,刘勇 . Rhino 5.0&KeyShot 产品设计实例教程[M]. 北京:人民邮电出版社,2013.

3.【韩】崔成权 . Rhino 3D 4.0 产品造型设计学习手册[M]. 武传海,译 . 北京:人民邮电出版社,2013.

4. 关俊良,王宇 . Rhino + 3DS Max 产品造型设计[M]. 北京:北京理工出版社,2009.

5. 李洪海,齐兵 . 产品设计表现 Rhino+VRay[M]. 北京:北京理工出版社,2010.

教学支持说明

尊敬的老师：

　　您好！为方便教学，我们为采用本书作为教材的老师提供教学辅助资源。鉴于部分资源仅提供给授课教师使用，请您填写如下信息，发电子邮件或传真给我们，我们将会及时提供给您教学资源或使用说明。

　　(本表电子版下载地址：http://www.tup.com.cn/sub_press/3/)

- -

课程信息

书　　名			
作　　者		书号(ISBN)	
课程名称		学生人数	
学生类型	□本科　　□研究生　　□MBA/EMBA　　□在职培训		
本书作为	□主要教材　　□参考教材		

您的信息

学　　校			
学　　院		系/专业	
姓　　名		职称/职务	
电　　话		电子邮件	
通信地址		邮　　编	
对本教材建议			
有何出版计划			

_____ 年 ___ 月 ___ 日

 清华大学出版社

E-mail：tupfuwu@163.com
电话：8610-62770175-4903/4506
地址：北京市海淀区双清路学研大厦 B 座 506 室

网址：http://www.tup.com.cn/
传真：8610-62775511
邮编：100084